엉뚱발랄 **맛있는 남미** ❸

엉뚱발랄 맛있는 남미 상

이애리 지음

이서원

프롤로그

되돌아갈 곳이 없어 글을 쓰기 시작했다. 분명 여행에서 돌아오자마자 복학을 할 생각이었지만 뒤늦게야 내가 제적을 당했다는 사실을 알게 되었다.

여행을 마치고 한국에 돌아왔을 때, 나는 부모님께 사실을 털어놓지 못했다. 대신 마지막으로 반 학기만 더 휴학하겠다고 복학을 미뤘다. 재입학 시기를 기다리기 위한 변명이었다.

휴학의 명분이 바로 여행기였다. 여행을 마무리 하며 여행기를 정리하고 싶다고 했다. 물론 대단한 핑계였다. 여행을 떠날 때만 해도 이번 여행을 글로 남길 생각은 없었기 때문이다. 그렇게 시작한 글쓰기는 순전히 내 기억력에 의존해야 했다. 다행히, 여행기를 쓰는 많은 저자들이 그렇듯, 여행은 내게 다시 생생한 기억으로 돌아와 주었다. 신기했다. 마치 다시 여행의 길목에 서 있는 듯 나는 글을 적어나가기 시작했다.

난 다시 여행자가 되어있었다. 그때로 돌아가 다시 수도 없이 실수를 했다. 계속 넘어지고, 깨지고, 뒤집혔다. 그러다 울고 말았다. 그때의 어려움 때문이 아니었다. 그리움이었다.

꿈은 아니었지만 꿈같은 여행이었다. 여행도 현실이지만 진짜 현실에 돌아오니 그때의 현실은 꿈만 같다. 그립다. 그때 보았던 눈부신 자연경관이 아니라 사람이 그립다. 내가 만난 그 수많은, 말도 통하지 않아 몸짓, 발짓, 손짓을 하며 대화했던, 그 사람들이 그립다.

많은 사람들이 이 글을 읽어줬으면 좋겠다. 아니, 한편으로는 아무도 읽지 않았으면 좋겠다. 처음에는 그저 책이 나온다는 사실에 기뻤다. 하지만 글을 쓰면서 표현의 한계에 부딪힐 때마다 나는 좌절하고 또 한없이 괴로워했다. 글이 마무리 되는 시점에서는 책임감과 뿌듯함을 느끼다가 또 한편으로는 지독한 압박감을 느끼게 되었다. 두려웠다. 책이 나옴으로써 누군가 내 여행의 의미를 왜곡하고 마음대로 판단하는 건 아닐까 두려웠다. 하지만 처음 글을 쓸 때 다짐한 것처럼 있는 그대로 솔직하게 표현하고 싶었다. 누군가 내 여행에 물음표를 붙이거나 내 행동에 대해 비난하고 평가할 수 있지만 그 마저도 내가 감당해야 몫이라 생각한다.

한 가지 당부를 전하고 싶다. 이 책은 여행책이 아니다. 어떻게 여행해야 할지 정보도 없고 명소에 대한 소개도 없으며 옳고 그름을 이야기 하고 있지도 않다. 그렇다고 화려하고 멋진 사진이나 감성적인 문장들이 있는 것도 아니다. 나는 감성적인 사람도 아니고 그런 걸 좋아하지도 않는다. 그러니 그런 걸 기대하는 독자라면 당장 이 책을 덮어도 좋다. 이 책은 여행기라기보다 다소 모자란 한 인간의 실수투성이 기행문쯤으로 봐야하기 때문이다.

그리 오랜 시간이 흐른 건 아니지만 남미 여행을 하던 나는 지금의 내가 봐도 무모하고 무식하기 짝이 없었다. 내가 쓴 글을 읽으며 나조차 미쳤다고 혼잣말을 중얼거릴 정도였다. 그러니 부탁한다. 부디 나보다는 좀 더 계획적인 여행을 하길. 완벽한 여행을 하라는 뜻은 아니다. 그런 여행은 있지도 않을뿐더러 재미도 없다. 부족하면 부족한 대로 실수하면 실수하는 대로 분명 그나름의 행복과 감동이 있는 법이다. 하지만 무모해지지는 말자. 내가 겪은 수많은 사건 사고는 운이 없어서가 아니라 너무 무모했기 때문이었다. 그러니내 실수를 통해 나 같은 삽질을 하는 사람이 없었으면 한다. 삽질을 하더라도적당히 하기를.

거꾸로 가는 시계

"안심 스테이크로 주세요. 프랑스 랭스산 와인도 함께요."

더운 야채와 함께 스테이크가 나왔다. 새하얀 접시가 유난히 반짝거렸다. 한 입 크기로 적당히 잘라 음미하기 시작했다. 트리플A 등급의 소고기답게 입에서 살살 녹았다. 레드 와인으로 맛을 낸 새콤한 소스가 입맛을 당겼다. 후식은 생크림이 올라간 사과 크랜베리 케이크, 따뜻한 마멀레이드를 듬뿍 머금은 케이크는 촉촉하고 달콤했다. 생크림 역시 지나치게 달거나 느끼하지 않았다. 마무리는 와인과 치즈였다. 카망베르, 체다 그리고 오카치즈와 크래커 그리고 약간의 과일이 곁들여 나왔다. 도저히 믿을 수 없을 만큼 완벽한 식사였다.

에어캐나다 AC063 인천행 비행기 안,

나는 아주 여유로운 자세로 퍼스트 클래스 좌석에 앉아있다. '배낭여행기 아니었어?' 라고 배신감을 느끼고 있는 이가 있다면 걱정 마시라. 이건 여행의 마지막 날 내게 일어난 단 한 번의 기적이었다. 공항에서 티켓팅을 하는데 컴퓨터가 꺼지면서 좌석 무지정이 되었고 좌석이 부족했는지 퍼스트 클래스로 업그레이드된 것이다.

한국에 도착하려면 아직 한참을 가야 했다. 180도로 펼쳐진 근사한 침대식 좌석, 커다란 개인 모니터에는 아담 샌들러가 나오는 유치한 코미디 영화가 재생되고 있었다. 1등급 좌석의 특별함, 도무지 흠잡을 수 없이 완벽한 순간이었다. 하지만 나는 좀처럼 잠들 수 없었다. 이상하게도 그런 편안함과 아늑함은 내게 답답하기만 했다. 참 이상한 일이었다.

인천공항에 도착하자마자 고장 난 캐리어를 끌고 버스 매표소 앞에 줄을 섰다. 내 바로 앞에는 외국인으로 보이는 한 여자가 어눌한 한국말로 매표소 직원과 이야기 중이었다.

"다섯 시라고요. 다섯 시."

매표소 직원은 짜증을 내며 내 던지듯 표를 건넸다. 표를 받아 든 외국인은 민망한 듯 머리를 긁적이고 있었다.

페루에서의 일이 떠올랐다. 버스표를 사려는데 나 역시 스페인어를 제대로 이해하지 못해 여러 번 되물었다. 짜증이 난 직원은 내게 소리를 질렀고 나는 그만 얼굴이 벌게지고 말았다. 다행히 다른 사람의 도움으로 간신히 표를 끊었지만 얼마나 무안하고 서럽던지…… 지금 내 앞의 그 외국인이 그때의 내 모습 같아 측은했다.

'우와.'

한참 동안 버스 구석구석을 살폈다. 새삼스레 우리나라 버스가 얼마나 쾌적하고 깨끗한지 깨달았다. 볼리비아가 떠올랐다. 숨 막힐 듯 더운 날씨에도 에어컨은커녕 창문조차 열 수 없는 열악한 볼리비아의 버스, 더군다나 틈만 나면 파업을 하는 탓에 도로가 막혀 제대로 목적지에 도착한 적이 단 한 번도 없었다.

인천 톨게이트를 지나 한참을 달리다 보니 창밖으로 멋진 풍경이 펼쳐지기 시작했다. 눈부시게 파란 산들이 끝을 모르게 이어지고 있었다. 이번엔 콜롬비아였다. 최고의 경관을 볼 수 있다 해서 힘들게 찾아간 황금 호수 '구아타비타', 너무 기대한 탓일까? 화려한 이름과 달리 초라하기 그지없는 경관에 실망감을 감출 수 없었다.

휴게소에 들려 호두과자를 사먹었다. 한 시간 뒤면 도착이라는 말에 갑자기 정신이 몽롱해지기 시작했다. 나는 집으로 향하고 있었다. 길고 험난했던 나의 여정이 정말 끝나고 있음을 의미했다. 기뻤다. 이젠 엄마가 해주는 따뜻한 밥도 먹을 수 있고 따뜻한 물에 몸을 담글 수도 있고 벌레와 거미줄이 없는 깨끗한 침대에서 잠을 청할 수도 있을 터였다. 얼마나 기다려왔던 순간인가? 여행 내내 내게 일어났던 수많은 사건 사고들이 주마등처럼 머릿속을 스쳐 지나갔다. 내 생애 다신 없을 황당하고 기막힌 사건들의 연속이었다.

"저희 고속버스를 이용해주신 여러분께 감사드립니다."

사람들이 자리에서 일어나 짐을 들고 나가기 시작했다. 하지만 나는 일어날 수 없었다. 도저히 발걸음을 뗄 수, 버스에서 내릴 수가 없었다. 이상했다.

조금씩 해가 지고 있었다. 원하든, 원하지 않든 278일간의 여정을 정리해야 할 때였다. 한숨을 쉬다 왼쪽 팔목에 채워진 손목시계를 쳐다봤다. 콜롬비아 칼리에서 산 보라색 짝퉁 스와치 시계였다. 내가 이미 한국이라는 사실을 부정이라도 하듯 시계 침은 여전히 남미 시각에 맞춰져있었다.

'째깍, 째깍, 째깍'

시계 침이 돌기 시작했다.

'째깍, 째깍'

거꾸로.

'째, 깍'

나는 다시 남미로 향하고 있었다.

차례

제1장 콜롬비아
COLOMBIA

중국인, 일본인 그리고 한국인 삼총사

콜롬비아의 수도 보고타, 엘도라도 공항에 도착해 입국 수속을 하는데 남미 특유의 까무잡잡한 피부 사이로 두 명의 동양여자가 보였다. 동양인을 만나면 대충 옷이나 헤어스타일, 얼굴 생김새로 중국인, 일본인, 한국인을 쉽게 구별해내는데 이번엔 어려웠다. 한 명은 중국인처럼 보이고 한 명은 일본인처럼 보였다. 확실히 한국인은 아니었다.

"설마…… 한국인이세요?"

그들은 태극기가 그려진 여권지갑을 들고 있었다. 반가움에 나도 모르게 그들에게 말을 걸기 시작했다. 그들도 꽤나 놀란 눈치였다.

"숙소는 어디세요?"

한참 수다를 떨다 그들이 내게 물었다. 내가 숙소 예약도 하지 않고 이곳에 왔다는 사실을 깨달았다. 시간은 이미 저녁 8시, 보고타는 이미 깜깜한 저녁이었다.

"그럼 우리가 예약한 데로 같이 갈래요?"

공항에서 20달러 정도를 콜롬비아 페소로 환전하고 공항을 나섰다. 콜롬비아와의 첫 대면이었다. 후덥지근할 줄 알았던 남미의 첫 공기는 저녁이라 그런지 오히려 살짝 서늘한 정도였다.

주변은 깜깜한 어둠으로 가득 차 있었지만 들뜬 마음에 이곳저곳 공항 주변을 둘러보았다. 공항 앞은 가족 혹은 친구를 마중 나온 사람들로 가득했다. 저마다 소중한 사람을 만날 생각에 들뜬 표정들이었다. 하지만 한 남자는 조금 달랐다. 그는 잔뜩 긴장한 모습이었다. 잠시 주위를 두리번거리더니 또 한 명의 남자와 시선을 주고받았다. 그리곤 앞에 서 있는 여자의 가방에서 슬며시 지갑을 꺼냈다. 공항을 나온 지 5분도 되지 않아 목격한 범죄 현장이었다. 그제야 정신이 번쩍 들었다. 시작된 것이다. 모두가 가지 말라고 말리던 이곳은 남미였다.

중국인과 일본인으로 추정한 두 여인들은 대구에서 올라온 죽마고우 사이였다. 다니던 직장을 그만두고 6개월가량 장기 여행을 왔다고 했다. 친구와 함께 남미여행이라…… 정말 멋진 생각이었다.

나 역시 꼭 혼자 떠나야겠다는 생각은 아니었다. 하지만 내 친구들 대부분이 대학교 4학년이었고 졸업과 취업의 문턱에서 고군분투 중이었다. 나 역시 그들과 함께 전쟁터로 나아가야 할 취업 준비생이었지만 반년이 넘는 장기 인턴 생활로 인해 몸과 마음이 지쳐버린 상태였다.

'이대로 덜컥 취업부터 했다간 분명 얼마 버티지 못 할 거야.'

내게는 준비가 필요했다. 남들 다하는 스펙 준비가 아니라 마음의 준비였다. 내 스스로 불완전함을 느끼며 그리고 불안함에 시달리며 남들이 하니까

해야 하는 취업은 할 순 없었다.

나에게는 단순한 여행, 그 이상의 것이 필요했다.

보고타에서의 생활은 한마디로 '매우 게으름'이었다. 여행 초반부터 무리하지 말자는 생각과 '보고타는 위험하다'는 생각이 만들어낸 합작이었다. 덕분에 오전 10시가 지나서야 길을 나섰다.

"에잇."

벌써 두 번째였다. 이틀 연속 비둘기 똥을 맞은 것이다. 신기한 것은 언니들이랑 셋이 걷는데 두 번 다 나만 맞았다. 하지만 비둘기 똥은 차라리 애교였다.

보고타의 중심지인 볼리바르 광장을 지나 시장을 향해 길을 걷고 있었다. 시장근처라 그런지 거리는 사람들로 가득했다. 신호등이 바뀌자 횡단보도를 건너기 시작했다. 그런데 갑자기 하늘에서 정체를 알 수 없는 뭔가가 떨어지기 시작했다.

"어? 이게 뭐지?"

셋 다 당황해 어쩔 줄 모르고 있는데 친절한 아주머니께서 휴지를 꺼내 옷과 머리를 닦아주시기 시작했다. 머리카락과 옷에 묻은 그 오물의 정체는 가래가 섞인 침이었다. 하지만 휴지로 닦다 보면 어느새 또 침과 가래가 떨어졌다. 아무래도 누군가 고의로 침을 뱉는 모양이었다. 길 한복판에 서 있던 우리는 아주머니의 도움도 뿌리치고 건물 안쪽으로 자리를 피했다. 그제야 침 공격을 피할 수 있었다.

알고 보니 그 아주머니는 우리를 도와준 고마운 사람이 아니라 소매치기 일당 중 한 명이었다. 조직적으로 움직이는 그들은 관광객들에게 오물을 묻히고 그걸 닦아주는 척 접근해 귀중품을 가져간다고 했다. 외국인 관광객을 상대로 일어나는 아주 고전적인 수법이었다. 그래도 우리는 운이 좋은 편이었다. 오물에도 여러 종류가 있는데 진짜 똥을 뿌리는 경우도 있고 옷에 묻으면 고약한 냄새에 지워지지도 않는 정체불명의 약품을 뿌리기도 한단다.

사실 남미 온라인 커뮤니티에서는 여행 시 주의사항으로까지 공지 되어 있는 사항이었다. 하지만 막상 실전에서는 그 사실을 떠올릴 정신이 없었다. 그냥 머릿속이 새 하얘질 뿐이었다. 황당하기도 하고 무섭기도 하고 아무튼 기분까지 더러워져 보고타를 구경하고 싶은 마음까지 사라졌다. 결국 우리는 터벅터벅 다시 숙소로 돌아왔다.

큰 기대를 하고 이곳에 온건 아니지만 그래도 초반부터 이런 일들이 계속되니 마음이 좋지 않았다. 경화언니는 머리를 감고도 한동안 더러운 기분을 씻어내지 못했다. 워낙 비둘기를 싫어하는지라 비둘기 똥이 세상에서 제일 더럽다고 생각했는데 아니었다. 기분은 사람 침이 훨씬 더러웠다.

한비야를 만나다

한비야를 만났다. 물론 진짜 한비야씨는 아니다. 보고타의 한비야, 김지영 씨다.

보고타 광장에서 정기적으로 진행되는 무료 시티투어가 있다. 시티투어는 원래 영어와 스페인어로 진행되지만 우리가 참가한 시간은 스페인어 시간이었다. 우리가 알아들을 리 만무했다. 정신이 반쯤 나간 상태로 좀비 마냥 가이드를 따라다니는데 그녀는 달랐다. 그녀 역시 우리처럼 투어에 참여한 참가자였지만 그녀는 마치 현지 가이드 같은 포스를 내뿜고 있었다. 작은 체구와 달리 그녀에게는 강렬한 아우라가 느껴졌다.

"나도 처음엔 스페인어를 전혀 하지 못했어요."

하지만 남미여행을 하며 콜롬비아의 매력에 흠뻑 빠졌고 급기야 보고타에 정착해 살며 사업을 시작, 현재는 스페인어 학원을 운영하고 있었다.

그녀의 도움으로 간신히 투어를 마친 뒤, 우리는 카페에 앉아 그녀의 이야기를 자세히 들을 수 있었다. 콜롬비아를 여행한 이야기, 그리고 그녀의 일상에 관한 이야기였다.

"콜롬비아에 와보니 어때요? 생각했던 것보다 안전하고 재미있지 않나요?"

얼마 전 유쾌하지 않은 사건을 겪은 터라 우린 쉽게 대답하지 못했다. 우리의 반응에 그녀가 한숨을 내쉬며 말했다.

"콜롬비아에 대한 오해와 편견들 때문에 진짜 콜롬비아의 매력이 가려져 안타까워요."

그게 정말 오해와 편견인지 되묻고 싶었다. 내가 보기엔 오해와 편견이 아니라 명확한 사실로 보였기 때문이다. 콜롬비아에 도착한지 며칠이 지났지만 여전히 이곳은 그리 편한 곳이 아니었다. 도착하자마자 목격한 범죄의 현장부터 길거리 침 사건까지, 콜롬비아를 알아가기엔 자꾸만 겁이 났다.

한 번은 시내에서 조금 떨어진 보고타 부촌지역에 놀러 갔다. 현지인들조차 저녁 7시 이후에는 잘 돌아다니지 않는다 했는데 그 날은 이미 9시가 훌쩍 지나있었다. 시내로 돌아와 버스에서 내렸을 때 광장 가로등 불은 이미 꺼져있고 행인도 거의 없었다. 주변이 워낙 어둡다 보니 그곳을 걷는 것만으로도 긴장이 되기 시작했다. 그런데 갑자기 한 남자가 우리 셋에게 다가와 손짓하기 시작했다. 광장에 모여 있는 노숙인 같았다. 그는 알 수 없는 말을 하며 다가오고 있었다.

"엄마야!"

나도 모르게 소리를 질러버렸다. 그리고는 냅다 달리기 시작했다. 당황한 언니들 역시 나를 따라 뛰기 시작했다. 한참을 달려 숙소 근처에 왔을 때 비로

소 언니들이 내게 물었다.

"뭐야? 갑자기 소릴 지르면 어떡해?"

"아니, 아까 그 남자가 막 쫓아오려고 그러잖아."

"네가 막 소리 지르고 뛰니까 그렇지."

"아니야. 소리 지르기 전부터 쫓아왔어. 진짜야."

"워낙 위험해서 말이에요."

그 날이 떠올라 나는 고개를 내저으며 말했다. 사실 낮에도 힘든 건 마찬가지였다. 워낙 동양인 여행자가 없는 탓에 우리 셋이 길을 걸어가기만 해도 온통 시선집중이었다. 신기해하며 대놓고 뚫어져라 쳐다보는 사람, 휘파람을 줄기차게 불어대는 청년들, 부담스러울 만큼 그들은 우리에게 호기심 어린 시선을 보냈다. 그러다 보니 자꾸만 나도 모르게 신경이 곤두서고 예민해져 갔다. 한숨이 나왔다. 길을 걷는 것 자체가 스트레스였다. 그들의 눈빛도 싫고 낄낄대는 웃음도 싫었다. 구경은커녕 조금씩 움츠러들고 있었다. 숙소 밖은커녕 자꾸만 숨고 싶었다.

결국 김지영 씨에게 콜롬비아에 대한 두려움과 자꾸만 쳐다보는 사람들에 대해 불평을 쏟아냈다. 나의 불평불만들을 참을성 있게 들어주던 김지영 씨가 내게 편안한 미소를 지으며 말을 시작했다.

"이 세상 어딜 가든 위험하지 않은 곳은 없어요. 다만 어떻게 마음을 먹느냐가 중요하죠. 위험하다는 생각으로 자꾸 움츠러들고 경계하다 보면 정말 위험한 일이 생길 수밖에 없어요. 마음이 불안해서 쭈뼛쭈뼛 하고, 가방을 자꾸 매만지고, 주위를 두리번거리니 오히려 더 눈에 띄거든요. 사람들이 쳐다보는 거에 대해 스트레스 받을 필요도 없어요. 여러분을 희롱하는 게 아니

라 관심의 표현일 뿐이에요. 콜롬비아 사람들이 워낙 호기심이 많고 표현에도 적극적이거든요."

친절하고 정 많기로 유명한 남미사람들, 그 중에서 으뜸은 콜롬비아라고 한다. '과잉친절 국가'라는 칭찬인지 욕인지 모를 닉네임을 갖고 있는 나라, 하지만 그런 친절함보다 납치, 마약 등으로 더 유명한 나라, 그래서 무서워서 좀처럼 관광객들이 찾지 않는 곳이었다.

숙소로 돌아오는 길, 잠시 생각에 잠겼다. 어쩌면 그녀의 말대로 나는 내가 만든 두려움에 나를 가두고 있는지도 몰랐다.

'아니야, 조심해서 나쁠 거 없잖아. 난 그저 조금 조심스러울 뿐이야.'

스스로 변명하곤 했다. 그게 안전을 위한 최선의 선택이라고 믿었다. 하지만 돌이켜 생각해보니 그런 걱정은 애당초 여행 시작 전에 끝냈어야 했다. 그렇게 두렵고 겁이 난다면 애당초 오질 말았어야 한다. 이미 이곳에 왔다면 그런 걱정은 이제 과거로 내보내야 한다. 그것이 여행이고 내가 선택한 길이었다.

사람들은 여전히 우리에게 뜨거운 시선을 보내고 있었다. 하지만 이상하게도 더 이상 기분 나쁘지 않았다. 그들이 뚫어져라 쳐다보면 먼저 "Hola(안녕)." 하고 인사를 건네는 여유가 생겼다. 그러자 쳐다보기만 하던 그들이 다가와 말을 걸기 시작했다. 사진을 찍자고 하고 메일주소를 가르쳐달라고 메모장과 펜을 내미는 사람들이 생겼다. 사진 한 장 찍어줬을 뿐인데 그들은 고맙다며 연신 인사를 해댔다.

'콜롬비아는 무섭고 위험한 곳이다.'

사실 진짜 두려움은 콜롬비아가 아니라 내 안에 있었다. 내 안의 두려움을 깨고 나니, 나는 전에는 볼 수 없었던 것들을 볼 수 있게 되었다.

그녀의 말이 맞았다. 조금씩 달라 보이기 시작했다. 우리를 동물원 원숭이 보듯 쳐다보는 시선에 짜증 나는 게 아니라 그들의 시선을 즐기기 시작했다. 나는 그녀의 유창한 스페인어가 부러웠다. 스페인어가 유창하기에 콜롬비아를 옹호할 만큼 여유가 있는 거라고 생각했다. 하지만 아니었다. 그녀의 용기와 당당함은 유창한 스페인어 때문이 아니라 편견을 가지지 않는 그녀의 넓은 마음에서 비롯된 것임을 깨달았다.

크리스티나 아주머니의 라 돌체 비타

숙소에서 일하는 크리스티나 아주머니는 오늘도 콧노래를 부르며 하루를 시작한다. 오늘의 아침은 아주머니가 준비한 특별식이었다. 우리의 치즈 호떡 같은 콜롬비아 간식 아레파 콘 케소^{Arepa con queso} 그리고 카페 콘 레체^{Café con leche}였다. 우리는 아주머니가 요리하는 모습을 카메라에 담았다. 동영상을 찍자 더 신이 난 아주머니는 연신 카메라를 의식하며 우리가 알아듣지 못할 설명들을 늘어놓으셨다.

카페 콘 레체는 콜롬비아식 카페라테이다. 주전자에 우유를 올리고 콜롬비아 원두커피를 한 컵 부어준 뒤 설탕을 넣으면 끝. 커피 맛이 진하지 않고 우유 맛이 더 많이 나서 커피우유처럼 부드럽다. 아레파 콘 케소와 카페 콘 레체를 먹으며 맛있다고 엄지손가락을 올리니 아주머니는 뿌듯해하며 환한 웃음을 지었다. 아주머니의 치아교정기가 훤히 드러났다. 콜롬비아에서는 아주머니처럼 나이가 지긋한 어른도 미용을 위해 치아교정을 하는 일이 흔하다.

아주머니는 언제나 싱글벙글이었다. 단 한 번도 찡그린 얼굴을 보지 못했다. 우리가 아침을 먹기 위해 부엌으로 향하면 "올라, 니냐스.(안녕, 꼬맹이들)"라고 인사를 건넸다. 해먹이 놓여있는 밝고 쾌청한 정원과 가족 같은 분위기의 숙소가 맘에 들어 일주일이 넘게 머물다 보니 아주머니도 우리에게 정이 많이 드신 모양이었다.

아주머니는 철없는 십대 소녀처럼 발랄했다. 살사를 배우러 광장에 간다는 말에 우리보다 더 좋아하며 숙소에서 춤을 추기도 했다. 우리에게 기초 스텝을 알려주겠다고 하셨지만 이미 자신의 춤에 심취해 정신을 차리지 못하셨다. 청소를 할 때도 투숙객들을 위해 매일 아침 빵을 사 오고 커피를 내릴 때도 콧노래를 멈추지 않았다. 아주머니에게 삶이란 라 돌체 비타$^{La dolce vita}$, 근심 걱정 없는 달콤한 인생일 뿐이었다.

처음에는 언제나 웃는 얼굴의 아주머니를 보며 '매일 숙소에서 청소하고 빨래하는 생활이 뭐가 좋아서 저러지?' 라고 생각했다. 전혀 이해할 수 없었다. 우리가 보기에는 특별할 것 없는, 평범하다 못해 지루하기 짝이 없는 일상이었기 때문이다. 하지만 아주머니에게는 그 평범한 하루가 언제나 소중하고 값진 인생이었다.

보고타를 떠나는 마지막 날, 우리는 레저스포츠의 천국이라 불리는 '산힐'로 이동하기 위해 택시를 불러 버스 터미널로 가야했다. 아주머니는 택시 타는 곳까지 나와 우리 모습이 사라질 때까지 열심히 손을 흔드셨다.

삶에 대한 여유와 소소한 행복을 느끼는 일, 쉬워 보이지만 절대 쉽지 않다. 여행을 떠나면 자연스레 삶의 여유와 행복을 찾을 수 있을 거라 생각했지만 장소가 바뀐 것뿐이었다. 떠남이 곧 여유를 의미하는 건 아니었다. 산힐로 가는 버스 안, 창밖을 바라보며 생각에 잠겼다.

'이 여행이 끝날 즈음엔 나도 그런 여유와 행복을 가질 수 있을까?'

커피와 우정 사이

전 세계 어디에서나 쉽게 만날 수 있는 스타벅스도 자취를 감춰버린 콜롬비아, 대신 콜롬비아에는 가장 유명한 자국 커피전문점 '후안 발데스'가 있다. 콜롬비아에 대해 이야기를 할 때 커피가 빠지지 않듯 이곳에선 커피를 이야기할 때 후안 발데스를 빼트릴 수 없다.

후안 발데스는 글로벌 커피 브랜드와는 차별되는 질 좋은 커피를 저렴한 가격에 즐길 수 있어 현지인은 물론 여행객들에게도 대단한 인기를 누리는 곳이다. (물론 여기서 저렴한 가격은 다른 외국 커피 브랜드보다 저렴하다는 거다. 사실 콜롬비아 현지 타 커피전문점에 비해서는 조금 가격대가 있는 편이다) 우리도 역시 커피를 마시러 이곳에 여러 번 들렀다. 워낙 유명한 곳이라 기대했는데 역시나 나에겐 똑같았다. 스타벅스를 마시든 동네 커피집을 가든 콜롬비아까지 와서 그 유명한 후안 발데스를 마셔도 똑같은 커피 맛이었다. 내 둔감하기 짝이 없는 혀가 원망스러웠다. 어떤 커피를 먹어도 똑같이 맛이 없지도 그렇다고 맛이 있지도 않았다. 커피를 정말 좋아하는 경화언니가 꽤 마음에 들어 하는 걸 보면 커피 맛이 좋은 것 같은데 나는 그 맛의 차이를 느낄 수 없었다.

경화 언니는 커피 애호가라 커피에 대한 관심과 욕심이 어마어마했다. '커피'만으로도 언니가 이곳에 온 이유는 충분했다. 언니는 무서울 정도로 커피를 사 모으기 시작했다. 한국에 보낼 거라며 마트에서 한 트럭씩 사다 날랐다. 커피값보다 국제 소포 값이 더 나올 지경이었다. 결국 이놈의 커피 때문에 나는 지금까지 함께 여행한 두 언니들과 갈라서야겠다고 생각했다.

보고타 공항에서 시작한 우리의 여정은 순항을 이어갔다. 혼자였으면 가지 못할 곳도 셋이니 갈 수 있었고 둘이서 시키기에는 너무 많은 밥도 셋이 모이니 딱 알맞았다. 혼자 내야 할 택시 값도 삼분의 일이 되니 버스보다 싸고 무엇보다 마음이 든든했다. 여자 하나보다는 둘이 또, 둘보다는 셋이 함께라 좋았다. 하지만 문제도 있었다. 저마다 성격도 성향도 다른데 그것을 하나의 의견으로 취합해야하니 도무지 쉽지 않았다.

우리는 메데진에서 어느 곳으로 이동할지에 대해 고민 중이었다. 시간상 딱 한 도시에 더 들렀다가 에콰도르로 국경을 넘어야했다. 경화언니는 살렌토로 가고 싶어 했다. 살렌토는 커피의 나라 콜롬비아에서도 손꼽히는 커피산지였다. 많은 여행객들이 커피농장 체험을 위해 들리는 곳이기도 했다. 커피 마니아인 언니에게 이곳은 선택이 아닌 필수 그 이상이었다. 나 역시 살렌토에 가고 싶었다. 커피를 좋아하진 않지만 콜롬비아에 왔으니 커피농장을 방문하는 것도 재미있을 것 같았다. 어쩌면 그곳에서 커피 맛을 알게 될지도 몰랐다. 윤미 언니도 흔쾌히 동의했다. 결국 우리는 살렌토로 향하기로 했다.

메데진 버스 터미널에 도착한 우리는 살렌토로 가는 버스 편을 찾아 나섰다. 그런데 살렌토로 바로 갈 수 있는 버스는 그 어디에도 없었다. 알고 보니 우선 이곳에서 7시간가량 떨어진 아르메니아로 가서 그곳에서 버스를 갈아타고 다시 1시간가량을 들어가야 했다. 문제는 시간대가 애매해서 아르메니아에서 살렌토로 가는 버스가 없을 수도 있다는 사실. 그렇다면 택시를 이용해야 하는데 비용이 만만치 않았다. 더군다나 다시 차를 갈아타야 한다고 했다. 듣기만 해도 머릿골이 아팠다. 루트가 너무 복잡했다. 하지만 나와 달리 경화 언니에게 이 정도 불편함은 문제가 되지 않았다. 언니는 무슨 일이 있어도 커피농장 투어를 하고 싶어 했다.

나는 칼리로 가고 싶었다. '살사의 도시'로 유명한 칼리는 위치의 특성상 에콰도르로 국경을 넘기 전 들리기 좋은 도시였다. 어차피 살렌토를 가도 에콰도르로 넘어가기 전 칼리에 한 번은 가야했다. 어차피 가야 하는 도시인데 살렌토에 들리지 않으면 훨씬 수월하고 편하게 갈 수 있었다. 메데진에서 칼리로 가는 버스는 직행인데다 가격도 더 저렴했다.

"우리 그냥 바로 칼리로 가는 건 어때?"

나는 경화 언니에게 칼리 이야기를 조심스럽게 꺼냈다.

하지만 경화 언니는 살렌토를 쉽게 포기하지 못했다. 윤미 언니는 우리 둘 사이에서 어떤 말도 하지 못하고 눈치만 보고 있었다. 차라리 그냥 혼자 떠나고 싶었다. 원래 혼자 왔는데 이렇게 서로 여행 루트를 가지고 눈치 보고 조율을 해야 한다는 사실이 불편했다.

'눈치 봐가면서 여행하려고 온 게 아니잖아? 어차피 나 혼자 왔는데 뭐 어때.'

그 동안 참아왔던 사소한 불만들이 떠오르기 시작했다. 생각해보니 먹고 싶지 않은 것도 함께 있다 보니 먹어야 했고 그다지 가고 싶지 않은 곳도 항상 같이 가야했다. 조금 게으름을 피우고 싶어도 그럴 수 없고 그 무엇 하나 바로 결정 할수 없었다. 여기까지 생각이 미치자 나는 언니를 설득할 일말의 마음도 사라졌다.

'지금까지 내가 이렇게 불편하고 신경 쓰이는 여행을 했단 말이야? 안되겠어. 지금이라도 찢어지는 게 낫지.'

설득이 아니라 나는 살렌토에 절대 가지 않겠다고 다짐했다. 언니가 가든 말든 이젠 나와 상관이 없었다. 그냥 나는 내 갈 길을 가야겠다고 생각했다. 단지 이런 나의 결단을 어떻게 말해야 할지 고민이 됐다. 내가 우물쭈물 거리는 사이 경화 언니가 먼저 입을 열었다.

"그냥 우리 찢어지자"라는 말을 할 줄 알았는데 "알았어. 그냥 칼리로 가자."는 예상 밖의 대답이 나왔다. 언니가 절대 물러설 것 같지 않았는데 너무 허무하게도 언니는 자신의 꿈의 성지와 같은 살렌토를 포기하고 있었다. 당황스러웠다.

콜롬비아 여행 초반부터 언니는 살렌토를 고대하고 있었다. 언니 혼자였다면 분명 어떠한 고민도 없이 살렌토로 향했을 것이 분명했다. 하지만 눈앞에서 그걸 포기하겠다고 말했다. 순간 얼굴이 화끈거렸다. 울컥 눈물이 터질 것 같았다. 복잡한 루트는 그저 핑계였다. 아닌 척했지만 비싼 투어비와 버스비도 걸리고 무엇보다 커피농장에 대한 흥미가 도통 없었다. 단지 내가 가고 싶지 않아서 이기적인 마음에 나는 언니들과 헤어지려고 했었다. 설득을 하는 것도 귀찮고 시간 낭비일 뿐이라고 생각했다. 이걸 빌미로 그냥 각자의 길을 가고 싶었던 거였다.

언니를 향한 미안함에 나는 고개를 들 수 없었다. 언니야 말로 함께 다니기 때문에 자신이 원하는 걸 포기하고 있었다. 왜 내가 포기해야 하냐고 못된 마음을 먹은 내가 한없이 부끄러웠다.

칼리행 버스표를 사들고 경화 언니가 앉아있는 터미널 벤치로 다가갔다. 나는 고맙다는 말도 미안하다는 말도 하지 못하고 있었다.

"언니, 우리 경화 언니한테 잘해주자."

윤미 언니에게 속삭였다. 윤미 언니는 싱긋 웃으며 고개를 끄덕였다. 우리 둘 다 경화 언니 눈치를 보고 있었다. 하지만 잘해주자는 결심은 예상대로 그때뿐이었다.

거지 삼총사의 최후의 만찬

　남미에 있다 보면 저렴한 물가 때문에 상대적으로 부자가 된 듯한 느낌을 받을 수 있다. 숙소비도 저렴하고 음식 값도 물건 값도 우리나라 물가와 비교하면 뭐든 저렴한 편이다. 특히 유럽 같은 여행지와 비교하면 더욱 그러하다. 하지만 여행이 길어지면 길어질수록 그런 느낌은 사라진다. 더 이상 우리나라 물가와 비교하지 않게 되고 현지 물가 수준을 고려해 계산하기 때문이다.

　처음엔 저렴하다고 좋아하던 것도 시간이 지나면 그다지 저렴하지도 않게 느껴진다. 콜롬비아 여행 초반에는 나 역시 수프와 메인요리 거기에 음료까지 주는 점심메뉴가 단돈 3천원이라는 사실이 믿기지 않았다. 우리나라에선 5~6천원에 육박하는 브랜드 커피도 반 가격이면 충분하니 그야말로 천국이 따로 없었다. 하지만 시간이 지나자 삼천 원짜리 점심 메뉴는 그다지 싸지도 않은 것 같았다. 후안 발데스의 이삼천 원짜리 커피는 사치처럼 느껴졌다. 진정한 배낭여행자가 되어가고 있다 해야 할지 아니면 그냥 짠 자린고비가 되어가는 건지 모를 일이었다. 그러다 보니 우리는 밥을 사먹을 때도 굉장히 신중했다. 콜롬비아에는 유명한 '엘 코랄' 이라는 햄버거 체인점이 있다. 다른 패스트푸드점에 비해 굉장히 비싼 편인데 우리는 이걸 먹어보느냐 마느냐를 가지고 무려 삼 주를 고민했다. 여행초기의 우리라면 "만 페소? 고작 육천 원이잖아." 라고 했겠지만 이제는 아니었다.

"뭐? 만 페소? 햄버거 하나에 만 페소나 한다고? 미친 거 아니야? 그 돈을 내고 먹는 사람이 있단 말이야?"

결국 우리는 입맛만 다시며 엘 코랄 햄버거를 포기해야만 했다. 햄버거만 포기한 게 아니었다. 메데진에 있을 때 우리는 '엘페뇰'에 찾아갔다. 엘페뇰은 메데진에서 두 시간 남짓 걸리는 구아타페 마을의 산봉우리를 뜻한다. 콜롬비아의 대표적 명소 중 하나인지라 우리도 버스를 타고 어렵게 찾아갔었다.

엘페뇰이라는 산봉우리에 다다르기 위해서는 우선 마을의 조그마한 언덕배기 산을 올라가야했다. 그 언덕에서 보이는 마을의 풍경은 그야말로 장관이었다. 초록 숲과 파란 호수가 얽히고 설켜 마치 위성으로 보는 초록지구의 모습 같았다. 콜롬비아에서 본 그 어떤 풍경과도 비교할 수 없을 만큼 아름다웠다. 하지만 이건 예고편일 뿐이었다. 진짜 제대로 된 풍경을 보려면 엘페뇰 전망대에 올라가야했다. 물론 진짜를 보려면 언제나 그 대가를 지불해야하는 법. 엘페뇰에도 입장료가 있었다.

"자 이제 올라가자."

말은 이렇게 했지만 우리 중 아무도 발걸음을 떼지 않고 있었다. 모두 한마음 이었던 것이다.

"뭐, 굳이 더 높은 데까지 가서 볼 필요가 있을까? 여기서 봐도 이렇게 멋진데."

"그러게, 더군다나 저 높은 곳을 올라가려면 한참 걸릴 것 같은데 힘들지 않겠어?"

모처럼 한 마음 한 뜻이 되는 순간이었다. 올라가기 힘들다는 건 핑계에 지나지 않았다. 다들 입장료 낼 돈이면 그걸로 차라리 맛있는 걸 사 먹겠다는 생각이었다. 결국 우리는 엘페뇰 앞까지 갔다 다시 발걸음을 되돌렸다. 입장료가 어마어마하게 비싼 것도 아니고 정말 몇 천원이었다. 생각해보면 거기까지 가는 교통비가 훨씬 더 들었는데도 우리는 그놈의 입장료가 아까워 눈앞에서 깨끗하게 포기하기로 했다. 우리가 얼마나 합리적인지 알 수 있는 대목이었다.

'크레페 앤 와플'에서도 마찬가지였다. 이곳은 콜롬비아의 대표적인 아이스크림 디저트 전문점이었다. 콜롬비아 전역 주요 도시에서 찾아볼 수 있는 대형 체인점인데 워낙 유명한 곳이라 콜롬비아에 오기 전부터 봐둔 맛집 중 하나였다. 나는 하루가 멀다 하고 이곳을 매일 드나들며 달콤한 아이스크림에 푹 빠져있었다. 다른 가게보다 훨씬 맛이 좋았지만 그 만큼 좀 더 비쌌다. 사실 이 가게는 아이스크림을 올린 크레페와 와플 종류 디저트가 유명하지만 비싸서 그냥 아이스크림만 사먹고 있었다. 진짜 크레페와 와플은 그림의 떡이었다. 콜롬비아에서 에콰도르로 넘어가기 전, 나는 언니들에게 애원하기 시작했.

"이제 에콰도르로 넘어가야하는데 마지막으로 좀 근사한데 좀 가보자."

언니들은 고민하기 시작했다. 돈 아낀다고 고민 고민 하다 그 잘난 햄버거도 그 멋진 엘페뇰도 포기한 우리였다.

우리는 성대한 만찬을 위해 크레페 앤 와플로 갔다. 이곳에는 크레페를 이용한 식사종류도 판매하고 있었다. 물론 가격이 만만치 않아 좀 산다는 현지인들만 가득했다.

"뭐? 고작 샐러드 하나에……"

"우리 오늘은 그러지 않기로 했잖아. 그냥 맛있는 거 먹자."

그렇게 해서 샐러드와 멕시코 스타일 크레페 그리고 버섯피자 하나를 시켰다. 돈 생각하지 말자고 해놓고 콜라는 딱 한잔 시켰다.

드디어 주문한 메뉴가 도착했다. 지금까지 우리가 사먹던 음식들과는 비주얼부터 남달랐다. 샐러드에는 담백한 코타지 치즈 한 덩어리와 내가 사랑하는 아보카도 그리고 버섯이 듬뿍 들어있었다. 발사믹 드레싱으로 달콤하고 새콤한 샐러드였다. 그리고 멕시코 스타일 크레페는 크레페 위에 닭고기와 야채, 치즈, 그리고 토마토와 크림으로 맛을 낸 로제소스가 듬뿍 들어 있었다. 버섯피자 역시 모짜렐라 치즈와 양송이버섯이 듬뿍 올라가 담백하면서도 쫄깃하고 고소했다. 우리는 왜 진작 이곳을 찾지 않았는지 반성을 하며 맛있게 음식을 즐겼다. 한껏 기분이 좋아진 우리는 내친김에 제대로 된 디저트를 먹기로 했다. 맨날 아이스크림만 먹다가 아이스크림이 올라간 크레페 디저트를 주문했다. 맨날 짜장면만 먹다가 탕수육을 먹을 때처럼 감격스러웠다.

크레페 안에는 바닐라 아이스크림이 가득했고 그 위에는 바나나와 생크림 그리고 견과류가 듬뿍 올라가 있었다. 진한 초콜릿시럽도 접시에 흥건할 정도로 듬뿍 뿌려져있었다. 쫄깃한 크레페와 입안에서 부드럽게 녹는 바닐라 아이스크림, 고소한 견과류와 혀끝이 짜릿할 정도로 달콤한 초콜릿은 환상의 조화를 이루었다. 콜롬비아에서의 마지막 만찬은 그야말로 완벽했다. 우리는 엘코랄 햄버거와 엘페뇰은 포기했지만 크레페 앤 와플은 포기하지 않음을 자랑스러워하며 후련한 마음으로 콜롬비아를 떠날 수 있었다.

짭짤하고 고소한 콜롬비아식 치즈 호떡, 아레파 콘 케소

Arepa Con Queso

아레파는 옥수수가루로 만든 콜롬비아의 대표 빵이다. 콜롬비아 국민에게 아레파란 프랑스의 바게트 혹은 크로아상과 같은 존재이다. 여기까지 들으면 엄청 고급스러울 것 같지만 말이 그렇다는 거지 그 모양과 맛은 우리나라 호떡에 가깝다. 여기에 치즈를 넣으면 아레파 콘 케소가 탄생한다. 다른 남미 국가에서도 아레파를 맛 볼 수 있을 만큼 나라별 지역별로 만드는 방법이나 모양이 조금씩 다르지만 콜롬비아 아레파를 가장 대표적으로 치고 있다.

보고타의 유쾌 발랄한 크리스티나 아주머니가 일요일에 숙소 특별식으로 만들어 준 아레파 콘 케소는 사실 우리 모두가 예상할 수 있는 그런 맛이다. 설탕물 대신 치즈를 넣은 치즈호떡 맛. 아니, 생각해보니 우리나라 치즈 호떡이 더 맛있는 것 같다. 그러니 너무 큰 기대는 말자.

※ 재료

옥수수가루 1컵 반, 물 1컵, 소금 조금, 식용유 2 스푼, 모짜렐라 치즈 적당히

1. 옥수수가루, 소금, 식용유를 넣고 물을 조금씩 부어가며 손으로 반죽 한다.
   옥수수가루와 물의 비율은 약 1:1에서 1.5:1 비율로 맞추면 된다.
2. 반죽을 30분 이상 휴지시킨 뒤 탁구공 크기와 모양으로 반죽 떼어 동그랗게 만든다.
   송편을 빚듯 미리 잘게 다진 모짜렐라 치즈를 안에 넣어 호떡 모양으로 꾸욱 눌러 모양을 잡는다.
3. 프라이팬에 기름을 적당히 두르고 노릇노릇 앞뒤로 구워주면 완성!

◈ Tip

- 옥수수가루가 없다면 밀가루 혹은 감자전분으로 만들어보자. 당연히 맛은 다르다.
- 치즈를 안에 넣지 않고 아예 반죽을 만들 때 함께 넣어 섞는 방법도 있다.
  아예 치즈 대신 좋아하는 다른 재료를 넣어 만들어도 좋다. 당연히 맛은 다르다.

BUEN PROVECHO!

제2장 에콰도르
ECUADOR

VENEZUELA

COLOMBIA

ECUADOR

PERU

BRAZIL

BOLIVIA

PARAGUAY

CHILE

URUGUAY

ARGENTINA

나 다시 돌아갈래!

"저기예요. 저기."

택시 기사 아저씨가 문을 가리키며 말했다. 계속 나를 지켜보시는 아저씨 때문에 하는 수 없이 가방을 끌고 들어가는 척 발걸음을 옮겼다. 아저씨가 돌아가는 것을 확인 한 뒤에야 나는 다시 짐 가방을 내려놓을 수 있었다.

나는 방금 살라사카에 도착했다. 에콰도르 암바토 주에 속한 조그마한 시골마을, 예상은 했지만 주변에 보이는 거라곤 울퉁불퉁 솟아있는 산과 무심해 보이는 너른 들판 그리고 다 쓰러져가는 집들이었다. 한 숨을 내쉬고는 잡초 밭에 내려둔 가방을 다시 들어올렸다. 거친 억새풀이 손끝을 스쳤다.

'모든 게 다 잘 될 거야. 걱정할거 없어. 다 잘 될 거야.'

주문을 외우 듯 혼잣말을 하며 문을 열었다. 그곳엔 파비올라가 있었다. 그녀는 검고 긴 머리를 하나로 묶고 초록색 망토를 어깨에 두른 어여쁜 아가씨였다. 교사들의 숙소관리를 맡고 있다고 했다. 한 사람이 더 보였다. 프랑스에서 온 조안이었다. 비쩍 마른 몸에 엉망진창으로 흐트러진 머리와 지저분한 턱수염을 갖고 있었다. 이곳에서 봉사활동을 하고 있는 교사 중 한 명이었다. 그는 내가 올 거라는 걸 이미 알고 있었다는 듯 자연스럽게 내게 이곳 규칙에 대해 설명하기 시작했다. 하지만 나는 도무지 그가 하는 말을 알아들을 수 없었다. 그의 영어는 원어민 수준으로 아니 그보다 훨씬 속도가 빨랐다. 머릿속이 새 하얘졌다. 당황한 탓에 "저기, 조금만 천천히 말해줄래?" 이 한마디가 나오질 않았다. 나는 차라리 그가 "오, 미안, 나도 모르게 프랑스어로 얘기하고 있었군." 이라고 말해주길 바랐다.

어색한 웃음으로 대충 상황을 넘기고 숙소를 둘러보기 시작했다. 숙소는 3층 높이의 주택이었다. 붉은 벽돌과 통나무로 만들어진 독특한 구조였다. 전체적으로 불안정한 모습이었다. 밖에서 보기에도 낡고 초라했지만 실내는 그 이상이었다. 총 6개의 방이 있는데 방마다 모두 흙먼지와 옷가지, 책, 온갖 짐들이 널 부러져 있었다. 나도 모르게 인상이 찌푸려졌다.

"저기, 있잖아. 그런데 내 방은 어디야?"

도무지 내가 머물 수 있는 공간은 보이지 않았다.

'차라리 잘됐다.'

내가 머물 공간이 없으니 미안하지만 돌아가 달라고 할지 모른다.

"저쪽이야. 자, 나를 따라와."

그가 앞장을 서며 말했다. 처참히 무너진 기대를 뒤로하고 그를 따라 밖으로 나갔다. 뒷문 바로 왼쪽에는 통나무로 만든 계단 하나가 있었다. 나는 그를 따라 계단을 올라갔다. 그곳엔 다락방이 하나 있었다. 몸을 반으로 굽혀야 할 정도로 천장이 낮은 다락방이었다.

안으로 들어가자마자 나는 또 다시 할 말을 잃고 말았다. 사방에 거미줄이 가득하고 바닥에는 알 수 없는 흰 가루와 먼지가 수북하게 쌓여있었다. 다락방이 아니라 마치 오랫동안 방치해 놓은 폐가의 창고 같았다. 방에는 매트리스 세 개가 덩그러니 놓여있었다. 이리저리 스프링이 튀어나온 매트리스였다. 곰팡이가 핀 매트리스에서 축축하고 썩은 냄새가 진동했다.

파비올라에게 침대 시트와 이불을 받아 매트리스를 정돈하기 시작했다. 하지만 결국 그냥 풀썩 주저앉고 말았다.

'사람은 어디서든 살 수 있다.'

내가 남미 여행을 시작할 수 있었던 이유다. 나는 어디서든 살 수 있다. 아무리 위험하고 열악해도 사람이 사는 곳이라면 나 역시 살 수 있다. 분명 그럴 수 있다고 생각했는데 숙소에 도착하자마자 나는 이 사실을 부정하고 싶었다.

다시 계단을 내려왔을 땐 조안이 한 남자와 이야기를 나누고 있었다. 영화에서나 볼 듯한 뽀글뽀글 폭탄머리를 하고 있었다. 조나단이었다. 창백한 얼굴과 동그란 눈이 재미있어 보이는 친구였다. 미국에서 여자친구와 함께 봉사활동을 왔다고 했다.

"정말 좋지 않아? 그 방이 여기에서 제일 좋은 방이야. 나도 거기서 지내고 싶을 정도야."

내가 위층 다락방에 짐을 풀었다고 하자 그는 이렇게 지껄이기 시작했다.

'반어법 같은 건가? 아님 날 놀리는 건가?'

안 그래도 짜증이 나 죽겠는데 고단수로 약을 올리나 싶어 얄미웠다.

학교가 근처에 있는지 물었다. 물으면서도 아차 싶었다. 이곳을 오면서 주변에 학교는커녕 제대로 된 건물도 보지 못했기 때문이다. 역시나 학교는 걸어서 사십 분쯤 떨어진 산중턱에 있다고 했다. 그나마 도서관은 가까웠다. 이곳에서 십분 정도 내려가면 된다고 했다. 마침 도서관에 간다는 조나단을 따라 도서관으로 향했다. 시무룩한 나와 달리 조나단은 쉴 새 없이 떠들어 댔다. 정말 발랄하기 짝이 없었다. 오지랖도 넓어서 지나치는 주민들에게 일일이 인사를 하고 있었다. 주민들은 그의 인사를 받는 둥 마는 둥 했지만 그는 크게 상관하지 않았다.

도서관에 도착하자 그 동안 이메일을 통해 연락했던 학교 총 책임자 로버트를 만날 수 있었다. 그리고 깜짝 손님이 한 명 더 있었다. 미국 텍사스에서 온 소피였다. 그녀 역시 나처럼 오늘 도착한 새내기 교사였다. 로버트는 면담을 통해 이곳에 온 목적이 무엇인지 어떤 일을 할 수 있는지 그리고 학교 규칙은 모두 숙지하고 왔는지 물었다. 그 후에는 학교가 돌아가는 상황들에 대해 하나하나 설명해주었다. 그는 여든에 가까운 나이가 믿겨지지 않을 만큼 굉장한 에너지를 갖고 있었다. 눈빛이 또렷하고 설명 할 수 없는 어떤 힘이 느껴졌다. 하지만 그의 이야기가 길어지자 나는 이내 집중력을 잃어갔다. 창밖을 슬쩍 쳐다봤다. 몸이 굽은 할머니가 당나귀 등에 짐을 싣고 느릿느릿 걸어가고 있었다. 기분이 이상했다. 키토에서 고작 3시간 떨어진 곳이지만 이곳의 시간은 더디게 흘러가는 듯했다.

저녁 7시가 넘어서야 다른 교사들을 만날 수 있었다. 나와 소피를 제외하곤 총 9명의 교사들이 머물고 있었다. 이곳의 교사들은 돌아가면서 당번을 정해 저녁식사를 해결하고 있었다. 오늘의 당번은 프랑스에서 온 제이드와 캐나다 출신 스테판이었다. 메뉴는 크레페였다. 아이스크림이랑 생크림을 얹어 먹는 디저트 크레페가 아니라 식사용 크레페였다. 브로콜리를 메인으로 한 야채 볶음과 모짜렐라 치즈를 넣고 토마토를 넣어 만든 새콤달콤한 소스를 넣어 크레페에 싸 먹는 식이었다. 크레페 전용 기구 없이 만들어 반죽이 얇지 않고 무척 도톰했다. 크레페와 짭짤한 야채볶음 그리고 달콤한 소스를 함

께하니 맛은 기대 이상이었다. 남은 크레페는 중탕한 밀크 초콜릿을 발라 디저트로 먹었다.

디저트를 먹으며 나와 소피는 기존 교사들이 쏟아내는 질문에 답을 하고 있었다. 그들은 호기심 어린 눈빛으로 우리를 주시하고 있었다. 우리 둘을 빼곤 모두 아주 여유로운 자세였다. 학교로 치자면 우리는 갓 들어온 신입생이나 다름없었다.

"뭐? 3개월?"

모두의 시선이 나에게 집중되었다. 이곳에 얼마나 있을 거냐는 말에 3개월이라고 대답했는데 반응이 심상치 않았다. 부정적인 반응인지 아니면 긍정적이라고 해야 할지 딱 꼬집어 얘기할 순 없었지만 확실히 뭔가 이상했다.

알고 보니 이들 기준에서 3개월은 꽤나 장기봉사자에 속했다. 포르투갈 출신 프란시스코가 3개월 이상의 최고참으로 봉사자들의 코디네이터 역할을 하고 있었다. 그 뒤를 이어 비슷한 시기에 캐나다에서 스테판, 미국의 브랜다, 젬마, 제라드가 왔고 프랑스에서 온 조안, 알렉스, 제이드가 2개월 차로 접어드는 상황이었다. 만화 캐릭터를 닮은 조던과 에린은 온지 일주일이 채 되지 않은 신참에 속했다.

사실 이곳에 도착하기 전까지만 해도 3개월이야 금방이지 싶었다. 솔직히 그것도 너무 짧다고 생각 했다. 그런데 반응들을 보아하니 오히려 그 반대였다.

"3개월이나 있겠다고? 이곳에서 3개월? 흠…… 글쎄, 쉽지 않을 텐데?"

개구쟁이 소년처럼 장난기 많아 보이는 스테판은 짓궂은 웃음을 짓고 있었다. 너무 얄미워서 때려주고 싶을 정도였다. 그렇게 첫 저녁식사가 끝났다. 밖으로 나와 위층 다락방으로 가기 위해 나무계단을 올랐다. 나도 모르게 긴 한숨이 흘러나왔다. 차마 바로 들어가지 못하고 계단에 기대어 하늘만 쳐다봤다. 제대로 된 가로등 빛 하나 없는 그야말로 작디작은 시골마을이었다. 시커먼 밤하늘과 대비되어 눈이 시릴 듯한 별빛이 쏟아지고 있었다. 하지만 '아, 예쁘다!' 라는 생각 따윈 들지 않았다. 그 까만 밤하늘보다 더 시커먼 후회와 두려움이 쏟아지고 있었다.

나방에게 싸대기를 맞는 이유

걱정과 달리 생각보다 일찍 잠이 들었다. 깨진 창문 틈으로 나방 떼가 들어와 이불을 뒤집어썼는데 그러다 스르르 잠이 든 모양이다.

아침부터 소란스러운 닭소리에 잠이 깼다. 새벽 6시 30분, 눈은 떴지만 도저히 몸을 움직일 수 없었다. 얼굴을 빼꼼히 내밀어보니 소피는 아직 자고 있었다.

숨을 쉴 때마다 하얀 입김이 올라왔다. 발가락이 꽁꽁 얼어버린 듯 했다. 새벽공기는 유난히 차고 주변은 동물들의 울음소리가 섞여 정신이 없었다. 브레멘 음악대가 오랜만에 뭉치기라도 했는지 당나귀와 닭의 연주는 듣기 싫은 불협화음을 내고 있었다. 차가운 공기를 들이마시자 내 몸의 세포 사이로 공기가 차오르는 느낌이었다. 조금은 잠에서 깨어나는 기분이었다.

꿈이던 악몽이던 나는 오늘 학교에 가야 한다.

'잠깐, 다시 생각해보니 사실 꼭 가야 하는 건 아니다. 어떠한 의무도 없다

내겐. 내가 원하는 것 내가 원해서 선택하는 것 그것만 하면 된다. 하고 싶지 않다면 하지 않아도 된다. 아직 시작하지 않았으니 그냥 다시 짐을 싸서 돌아간다면 차라리 나을 것이다.'

학교에 가기 전 사실대로 털어놓고 이곳을 떠나야 했다. 2층 거실로 들어가니 로버트만이 거실 탁자에 앉아있었다. 그는 움푹 팬 주름만큼이나 지긋한 웃음을 짓고 있었다. 그의 미소에는 왠지 모를 쓸쓸함이 있었다.

"굿 모닝."

잘 잤냐는 그의 질문에 나는 "어떻게 그런 곳에서 잘 잘수가 있겠어요?" 라고 말하고 싶었지만 대신 입 꼬리를 살짝 올려 거짓 미소를 지었다.

그가 매일 아침 이곳의 교사들을 위해 준비하는 아침메뉴는 딱 한가지였다. 바로 오트밀, 부엌에서 가장 큰 냄비에 물을 가득 부어 끓인 오트밀 죽이었다. 난생 처음 먹어본 뜨거운 오트밀은 꼭 풀 죽 같았다. 종이를 잘게 물에 풀어놓은 듯 하다고 해야 하나? 종이 맛이 나는 것도 같고 찹쌀 풀 맛이 나는 것도 같았다. 하얀 플라스틱의 오목한 그릇에 담은 오트밀은 그냥 아무 맛도 나지 않는 뜨거운 죽일 뿐이었다. 오히려 죽보다 싱겁고 오트밀의 꺼끌꺼끌함이 입천장을 괴롭혔다. 가득 담아오지 않아 다행이었다. 로버트만 앞에 없었다면 그냥 숟가락을 놓았을 것이다.

"맛이 어떤가?"

그가 물었다.

"음⋯⋯ 따뜻하네요."

차마 맛있다는 소리는 할 수 없었다. 다짐했다. 내가 다시 오트밀을 먹는 일은 없으리라.

7시가 되기 전 로버트는 학교로 가야한다며 먼저 자리를 떴다. 그가 떠나고 얼마 후 소피가 2층으로 내려왔다.

"미국에서는 아침에 이렇게 오트밀을 먹니?"

"음, 먹는 사람도 있는데 대부분은 시리얼이나 토스트지."

한국에서는 아플 때만 죽을 먹는다며 괜한 푸념을 늘어놓는 사이 조던과 에린이 거실로 들어왔다.

"학교로 갈 생각이야. 너희들도 같이 갈래? 길이 어렵진 않지만 첫날이라 길을 잃을 수 있으니까."

5분 정도 흙 길을 내려가니 아스팔트 도로가 보였다. 이 도로를 따라 또 5분 정도 내려가니 그곳에 도서관이 있었다. 그리고 도서관 뒤편의 수풀 길을 따라 한참을 올라가야 했다.

학교로 가는 길은 꽤 단단한 회갈색의 흙길이었다. 마을은 여전히 차분하고 고요했다. 마을 주민은 한 명도 보이지 않고 대신 가축들이 보였다. 새끼돼지들이 엄마 돼지의 젖을 먹기 위해 옹기종기 모여 있는 모습도 보이고 소가 풀을 뜯어 먹고 당나귀들은 장난을 치고 있었다. 나무처럼 커다란 알로에가 울타리처럼 길가를 가득 메우고 있었다.

한참을 올라간 것 같은데도 학교는 보이지 않았다. 조던과 에린은 힘든 기색 하나 없었지만 나랑 소피는 숨을 헐떡이며 이들의 꽁무니를 쫓기 바빴다. 한참이 지나서야 언덕 위에 있는 학교를 발견했다. 학교로 올라가는 마지막 언덕은 가장 난코스였다. 가파른데다 흙먼지까지 일었다. 숨이 턱까지 차오르고 다리가 풀릴 듯 힘이 빠졌다. 하지만 첫날부터 지친티를 내기 싫어 걸음을 멈추고 쉴 수 없었다. 학교에 도착했을 때 나는 비로소 가쁜 숨을 고르느라 정신이 없었다. 찬 공기를 헐떡거리며 들이마시자 목구멍이 시큼해졌다. 다행히 수업 시작 5분 전이었다.

학교는 내가 상상한 것보다 훨씬 더 아담했다. 여긴 도무지 내가 생각했던 것보다 나은 게 하나도 없었다. 총 세 개의 건물이 보였다. 언덕을 올라가 가장 먼저 도착하는 곳은 바로 아이들의 아침과 점심을 조리하고 배급하는 급식실이었다. 그리고 급식실 바로 위쪽에는 유치원이 있고 유치원 옆에는 조그마한 창고가 하나 있었다. 창고를 지나면 왼편에 자갈로 만들어놓은 계단을 타고 붉은 벽돌의 이층짜리 건물이 있었다. 이곳에 4개의 교실과 작은 교무실 그리고 화장실과 창고가 있었다.

학교의 모습은 어느 하나 매끈한 구석 없이 어설퍼보였다. 급식실 앞에는 볼품없이 투박한 나무 벤치가 놓여있었고 학교 앞 잔디밭과 언덕 사이에는 울퉁불퉁한 돌담이 있었다. 돌담 틈을 시멘트로 덕지덕지 붙여놓은 탓에 전혀 예쁘지도 않았다. 급식실 오른편에는 나무들이 우거진 작은 숲이 있었다. 이 곳에는 나무로 만든 그네가 덩그러니 놓여있었다. 직접 만든 티가 그대로 나는 어설픈 그네였다. 학교의 모습은 모두 그런 식이었다. 삐뚤삐뚤 어린아이가 그려놓은 그림처럼 서툴고 어설퍼 보였다.

이미 모든 수업 스케줄이 정해진 상태라 당장 오늘부터 수업에 참여할 순 없었다. 물론 그럴 수 있어도 그러지 않았을 것이다. 다음 주부터 수업에 들어가기로 하고 오늘은 수업 참관만 하기로 했다. 소피와 나는 우선 에린이 가르치고 있는 유치부에 들어갔다. 다섯 명의 아이들이 누런 짚으로 엮은 매트위에서 정신없이 놀고 있었다. 매트위에는 노란색의 원형 테이블과 의자들이 놓여있었고 벽면은 아이들이 그려놓은 그림들로 장식되어있었다. 스페인어로 색깔이나 숫자가 적힌 단어카드도 걸려 있었다. 양쪽 선반은 책과 그림물감 등이 정리되지 않고 어지럽게 놓여있었다.

"정신없어 보이지? 근데 진짜 말썽쟁이들은 아직 오지도 않았어."

에린은 유치부에 총 9명의 아이들이 있다는 사실을 알려주었다. 이미 유치부에는 에린 말고 두 명의 선생님이 더 있었다. 에린의 말에 의하면 이들이 바로 아이들의 정규교육을 책임지는 선생님들이었다. 하지만 수업계획을 세워서 아이들을 지도하기보단 자원봉사자들에게 수업을 맡기려고 해서 골치가 아프단다. 정작 본인들은 수업 도우미 역할을 하려해서 수업을 이끄는 건 고작 일주일째인 에린의 몫이었다. 봉사자들은 대부분 짧게 단기로 있다 가버리는데 그들에게 수업을 주도하게 한다는 게 이해되지 않았다. 에린 역시 선생님들이 주체가 되어 수업을 이끌지 않으니 큰 문제라고 걱정 했다.

수업준비를 하지 않는지는 몰라도 둘은 확실히 베테랑 선생님이었다. 특히 안토니오는 이 학교에서 아주 오랜 기간 일 해왔다고 했다. 그녀의 딸 역시 이 학교에 다니고 있었다. 또 다른 유치부 교사인 엘리자베스는 안토니오와 달리 아직 앳된 느낌이 드는 새내기 선생님이었다. 안토니오는 에린과 많은 대화를 나눴다. 이곳에 온지 얼마 되지 않는 에린은 꽤나 능숙하게 스페인어를 구사했다.

안토니오는 차갑고 무뚝뚝한 인상을 갖고 있었다. 나와 소피에게 이름을 물어 볼 때도 사무적인 말투였다. 그런데 내가 3개월 동안 머물 거라고 얘기하자 처음으로 나에게 따뜻한 미소를 보여줬다. 한 달 뒤 떠난다는 소피에겐 보여주지 않은 미소였다. 그 미소를 보니 3개월을 계획했지만 그 전에 떠날 거라는 말을 차마 할 수 없었다.

아홉 명의 아이들이 모두 도착한 뒤 원형 테이블에 앉아 출석을 불렀다. 안토니오가 아이들의 이름을 부르면 아이들은 손을 들어 대답을 한 뒤 교실 벽면에 대롱대롱 붙여진 자신의 사진을 똑바로 보이게 돌려놓아야 했다. 유치부 아이들은 2살에서 5살 정도의 어린아이들이었다. 아주 어린 몇 명의 아이들을 제외하곤 모두 능숙하게 자신의 임무를 완수했다. 박수를 받을 때마다 아이들은 하얀 이를 드러내며 해맑게 웃었다.

출석체크가 끝나자 아이들은 소피와 내 주변으로 다가와 호기심 어린 눈으로 우리를 쳐다봤다.

"이름이 뭐예요?"

아이들의 첫 질문을 이해할 수 있어 다행이었다.

"나는 애, 리, 라고 해."

아이들이 내 스페인어를 이해할 수 있을까 노심초사하며 한 단어씩 또박또박 대답했다. 이름 하나 알려주었을 뿐인데 아이들은 해맑게 웃으며 좋아했다.

여자 아이들은 내 머리카락을 만지고 내 볼을 쓰다듬었다. 남자 아이들은 자신의 장난감을 하나씩 가져와 내 앞에 펼쳐놓았다. 아이들이 자꾸만 말을 걸었다. 흰 종이와 색연필을 가지고 와 내밀기도 했다. 하지만 나는 아이들이 하는 말을 하나도 알아들을 수 없었다. 끊임없이 말을 거는 아이들 때문에 점점 더 당황하기 시작했다. 스페인어를 못하는 소피도 마찬가지였다.

아홉 명이라곤 하지만 아이들의 이름을 한 번에 기억하기 쉽지 않았다. 아이들에게 내 이름이 그러하듯 나 역시 아이들의 이름이 매우 생소하게 들렸다. 아이들은 수줍어하면서도 또박또박 자신의 이름을 말해주었다. 하지만 다른 아이들과는 달리 의자에서 꼼짝도 하지 않고 웃지도 않는 누스타라는 아이가 있었다. 누스타는 유치부 중에서도 가장 어린 두 살짜리 꼬마숙녀였다. 오른쪽 눈은 풀어헤친 머리카락으로 가려졌고 빨갛게 홍조 띤 볼은 입안에 바람을 집어넣은 듯 통통했다. 다른 아이들과 비교해 봐도 확연히 작은 체구지만 옷 사이로 볼록 튀어나온 배만큼은 여유가 넘쳐 보였다.

에린의 말대로 유치부에는 제대로 된 수업계획이 없는듯했다. 그냥 아이들과 놀아주거나 가끔씩 책상에 모여 앉아 그림을 그리는 게 전부였다. 아이들을 모여 앉히고 에린과 안토니오가 오늘 그릴 그림에 대해서 설명을 하고 있었다. 에린은 아이들 옆에서 그림 그리기를 도와달라고 했다. 나와 소피는 아이들 사이사이에 앉아 아이들에게 색연필과 종이를 나눠주었다. 물고기를 그리는 시간이었다. 에린이 '페스카도'가 물고기를 뜻한다고 말해주어 아이들에게 종이 위를 가르키며 계속 "페스카도, 페스카도" 하고 외쳤다. 내 발음이 이상했는지 아이들이 멀뚱멀뚱한 표정을 지었다. 하는 수 없이 양손을 합창하고 손가락을 꿈틀꿈틀 움직이며 물고기가 헤엄치는 듯한 손동작을 보여줬다. 입으로는 물 가르는 소리까지 냈다. 손을 이리저리 움직이며 아이들 눈앞을 왔다 갔다 하는데 그 모습이 신기한지 아이들이 까르르 웃어댔다. 그리고는 나를 따라 양손을 합창하고 나름대로 물고기 모양을 내며 입으로 '숭~숭' 소리까지 따라 내었다.

8시에 시작된 첫 번째 수업은 9시 20분쯤 마무리 되었다. 9시 30분에는 '콜라다' 라고 불리는 아침 겸 간식시간이었다. 창고 앞에 있는 학교종이 '딸랑 딸랑' 울리니 아이들이 교실에서 뛰어나와 급식실로 향했다. 부엌과 급식실 사이에는 배식통로가 있었고 아이들은 줄을 서서 기다려야했다. 모두들 콜라다 한 그릇과 시리얼 바를 하나씩 받아 들고 식탁에 옹기종기 모여 앉았다. 콜라다가 뭔가 했더니 아주 큰 냄비에 가득 끓여놓은 베이지 색의 묽은 스프였다. 정체 모를 쌀겨 같은 가루가 둥둥 떠 있었는데 맛을 설명하자면 유통기한이 지난 미숫가루 맛이었다. 도저히 더 먹을 수 없었다. 이상한 향까지 거슬렸다. 소피도 고개를 내저었다. 하지만 다른 봉사자들은 아이들 마냥 맛있게 스프를 먹고 있었다. 심지어 제이드는 두 번을 더 떠먹었다. 신기했다. 어딜 가나 뭐든 안 가리고 다 잘 먹는 나지만 이건 그럴 수 없었다.

다른 교사들과 떨어져 급식실 안으로 들어갔다. 유치부 아이들 곁에 앉아 있는데 초등부 아이들이 다가와 내 이름을 물어보기 시작했다. 조금 큰 아이들은 더 많은 질문들을 쏟아냈다. 내가 어디에서 왔는지 나이는 몇 살인지 이것저것 질문들이 쏟아졌다. 몇 개의 기본적인 질문을 제외하곤 도무지 알아들을 수 없었다. 대답 대신 그냥 미소로 때워야했다. 하지만 내가 못 알아듣는다는걸 아는지 모르는지 아이들의 질문은 끝이 날 줄 몰랐다. 호기심만 많은게 아니라 아이들 모두 놀라울 만큼 사람을 잘 따랐다. 처음 보는 내게 달려와 안겼고 내 무릎에 앉아 나를 골똘히 쳐다봤다. 내 옷을 잡아당기고 머리카락도 잡아당기고 볼을 비벼댔다. 처음 보는 내게 얼마나 살갑게 대하는지 놀라울 따름이었다. 워낙 사람들이 많이 오고 가는 터라 더 이상 새로운 사람에 대한 호기심도 애정도 없을 거라고 생각했는데 아니었다.

콜라다 시간이 끝난 후 소피와 나는 3반 수업에 들어갔다. 학교에는 2살부터 17살까지 총 30여명의 아이들이 있었다. 유치부를 포함해 1, 2, 3, 4반 이렇게 5개의 반이 있는데 3반은 10살 내외의 7명의 아이들로 이뤄진 반이었다. 이번엔 프랑스에서 온 알렉스의 미술수업이었다.

수업 분위기는 그야말로 난장판이었다. 아이들은 각자 딴 짓을 하고 있었다. 그 중에서도 루이는 눈에 띄게 산만했다. 루이는 진작 이 학교를 졸업했어야 하는 17살의 최고령 학생이었다. 당연히 다른 아이들에 비해 덩치도 훨씬 컸다. 하지만 루이의 지능은 10살 미만의 아이 정도에 불과했다. 루이가 계속 학교에 남아있는 이유이기도 했다.

유창한 스페인어를 구사하는 알렉스는 수업분위기를 만들려 아이들을 설득했지만 도무지 소용이 없었다. 조금 진정 되는가 싶으면 다시 책상을 벗어나 이리저리 돌아다니고 서로 장난을 치며 놀았다. 알렉스 말은 도무지 들어먹지 않았다. 열심히 수업을 하려 애쓰는 알렉스가 안쓰러울 정도였다. 알렉스는 아이들에게 소리를 지르다 포기한 듯 수업에 참여하는 아이들만 데리고 그냥 수업을 진행했다. 뒤에서 참관만 하는 소피와 나는 진이 빠진 얼굴로 서로를 쳐다봤다.

오전수업이 모두 끝났다. 열두시 반부터 한시까지는 점심시간이었다. 단지 몇 시간 동안 수업참관만 했을 뿐인데 너무 피곤했다. 점심이고 뭐고 당장 숙소로 돌아가 눕고 싶었다. 하지만 하루 종일 제대로 먹지 못해 배가 무척 고팠다. 더군다나 학교 첫 날이었다. 함께 점심도 먹지 않고 숙소로 돌아갈 순 없었다.

또 한 번의 학교종이 울렸다. 아이들이 우르르 밖으로 몰려나오기 시작했다. 그리곤 콜라다 시간처럼 배식을 받기 위해 줄을 섰다. 배식은 안토니오가 담당했다. 그녀는 커다란 국자로 준비된 음식을 담아 아이들에게 건넸다. 아이들은 각자 수저를 들고 급식테이블에 앉아 밥을 먹기 시작했다. 당장 배가 너무 고파서 뭐든 맛있게 먹을 수 있을 것 같았다. 하지만 아이들에게 배식을 마친 후 받아 든 것은 허여멀건한 스프였다. 숙소 아침으로 먹은 오트밀 죽부터 학교 아침 간식으로 먹은 정체를 알 수 없는 묽은 스프 그리고 점심까지 스프라니, 황당하기 그지없었다. 다행인건지 건더기가 있긴 했다. 작은 씨알 감자와 잘게 썬 당근 그리고 고추씨 테두리처럼 생긴 정체모를 알갱이들이 섞여 있었다. 이번엔 묽은 밀가루 죽 같았다. 별다른 맛이 느껴지진 않는데 짜기는 또 엄청 짜서 감자와 함께 먹어야 중화가 되었다. 역시 나와 소피를 제외하고 다른 교사들과 아이들은 모두 맛있게 먹었다. 까다롭게 보이고 싶지 않아 꾸역꾸역 스프를 먹기 시작했다. 억지로라도 점심을 먹은 나와 달리 소피는 스프에 손도 대지 않았다. 결국 소피를 데리고 숙소로 돌아가기로 했다. 언덕을 내려오며 그녀는 학교 점심에 대해 불평을 늘어놓았다.

"태어나서 그렇게 이상한 스프는 처음이야. 그런 걸 도대체 어떻게 먹으라는 거지?"

고개를 끄덕였다. 계속 이런 음식을 먹어야 하는 건지 앞이 깜깜했다. 이렇게 라면 얼마 지나지 않아 영양실조로 쓰러질게 분명했다.

공복에 두 시간동안 길을 헤맨 우리는 숙소에 도착하자마자 매트리스에 드러누웠다. 매트리스 위에는 정체모를 하얀 가루가 뿌려져있었다. 천장의 나무판자 사이에서 내려온 하얀 곰팡이가루였다. 파리까지 극성이었다. 엄청 큰

왕파리들이 방안을 구석구석 휘날아 다니며 나를 괴롭혔다. 재빨리 이불을 뒤집어썼다. 하지만 윙윙거리는 소리는 멈추질 않았다.

'제발 날 그냥 내버려둬.'

갑자기 서러움이 밀려와 눈물이 났다. 제대로 먹지도 그렇다고 제대로 쉴 수도 없는 내 처지가 정말 처량했다. 파리들의 윙윙거림에 잔뜩 신경이 예민해져 뒤집어 쓴 이불안에서 조차 자꾸만 인상이 써졌다. 시트에서는 축축하고 쾌쾌한 냄새가 났다. 그 동안 머물렀던 호스텔의 뽀송뽀송한 이불이 그리워졌다. 섬유유연제의 그 향긋함도.

도서관에서는 오전시간 학교아이들에게 컴퓨터 수업을 하고 오후에는 주민들을 상대로 인터넷카페와 무료 영어수업, 숙제 지도 등을 돕고 있었다. 따라서 평일 오후에는 매일 두 사람씩 도서관 당번을 서야했다. 오늘은 스테판과 조안이 함께 도서관을 지키고 있었다.

도서관은 총 2층짜리 건물이었다. 1층에는 작업용 창고와 컴퓨터실, 그리고 아이들 책방 이렇게 세 개의 공간이 있었고 2층에는 로버트의 방과 화장실 그리고 영어수업을 하는 조그만 교실 두개가 있었다. 조안은 책방에서 수업준비를 하고 스테판은 컴퓨터실 메인 컴퓨터에 앉아있었다. 컴퓨터실에는 꽤나 많은 주민들이 찾아왔다. 모두 인터넷을 사용하기 위해서였다. 물론 무료는 아니었다. 트럭을 타고 나가면 제일 큰 도로가에 인터넷을 쓸 수 있는 전화방 겸 인터넷 방이 있는데 거기까지 가기엔 멀기도 하고 도서관에서 쓰는 인터넷이 훨씬 저렴했다. 주변에 사는 주민들이 많이 찾아오긴 했지만 컴퓨터는 고작 세 대 뿐이었다.

컴퓨터를 켜고 기다렸다. 고작 딱 하루 인터넷을 하지 않았음에도 불안하고 답답했다. 무엇보다 언니들에게 잘 도착했다는 메일을 보내야했다.

"뭐? 나보고 영어 과외를 하라고? 그것도 지금 당장?"

"응. 네가 오늘 당번이 아닌 건 알지만 조안과 나는 지금 해야 할 일이 있어서 말이야."

당황할 수밖에 없었다.

'이건 너희들의 일이잖아. 이렇게 갑자기 나한테 떠맡기면 어쩌라는 거야?'

갑작스러운 상황에 짜증까지 났다.

"하지만 너무 갑작스러운걸. 아무런 준비도 못했고."

"크게 어려울 건 없어. 그냥 이 친구 숙제를 봐주거나 질문하는 거에 대답해주면 돼."

스테판과 이야기 나누던 앳된 얼굴의 소녀를 가리키며 말했다.

"하지만 난 아직 스페인어도 못하는걸."

"이 친구는 영어를 잘하는 편이라 영어로 설명해도 괜찮아. 그러니까 부탁 좀 할게."

하필 소피도 숙소로 돌아간 터라 더 이상 미룰 사람도 없었다. 결국 그렇게 떠안듯 다니엘라의 영어 과외를 맡게 되었다. 다니엘라는 17살의 고등학생이었다. 그녀는 전통복인 검은 치마를 둘러 입고 위에는 후드티 그 위에는 다시 전통복인 초록색 망토를 두르고 있었다.

다행히 그녀는 기본적인 질문들을 이해하는 듯 했다. 하지만 그것도 잠시 도대체 뭘 더 물어야 할지 떠오르지 않았다. 뭘 더 어떻게 해야 할지 막막했다. 옆 책상에서 자신의 일을 하던 조안이 힐끔거리며 나를 쳐다봤다. 신경질이 났다. 조안은 영어와 스페인어 모두 유창하게 구사하면서 왜 나에게 갑자기 영어 과외를 떠맡기는 건지 이해할 수 없었다. 영어 과외 당번이 영어를 가르치는 일보다 중요한 일이 과연 뭐란 말인가.

그녀는 회화연습을 하고 싶어 했다. 따로 교재가 없어 우선 생각나는 대로 질문을 던졌다. 예를 들면 "가족이 몇 명이니?", "어디에 사니?", "가장 좋아하는 음식이 뭐니?" 등이었다. 그녀가 대답 하면 문법적인 부분을 고쳐주고 그녀의 노트에 그 표현들을 적어주었다. 그녀의 영어는 다른 주민들에 비해 매우 훌륭했지만 그 비교대상인 주민들이 ABC도 모를 정도의 수준이라는 게 문제였다. 어떤 질문에는 잘 답하다가 또 다른 기본적인 질문에는 답을 하지 못했다.

"한국 역시 영어가 모국어인거죠?"

그녀의 질문에 잠시 멈칫 할 수 밖에 없었다.

"다니엘라, 우리나라 한국에서는 한글을 사용해. 그러니까 내 말은 말이지……"

잠시 생각에 잠기다 다시 말을 이어나갔다.

"영어는 내 모국어가 아니란 말이야. 나도 너처럼 학교에서 공부하고 여행을 하며 배운 거야. 그래서 내 영어는 스테판이나 다른 선생님들처럼 완벽하지 않아. 그래서 어쩌면 내가 아닌 다른 선생님들과 수업하는 게 너에게 더 나을지 몰라."

말은 그렇게 했지만 정말 다니엘라가 그렇게 말할까봐 겁이 났다. 사실 이건 내가 이곳에 오기 전 가장 크게 걱정한 문제였다. 원어민이 아닌 내가 외국인을 상대로 영어를 가르친다는 사실 말이다. 다니엘라는 잠시의 망설임도 없었다.

"저는 앞으로도 계속 선생님과 수업하고 싶어요. 그럴 수 있나요?"

다니엘라가 나를 빤히 쳐다보고 있었다. 그녀의 눈망울이 반짝였다.

"물론이지. 계속 나랑 같이 공부하자."

고민이 되던 아니 든 결국 난 이곳에 왔다. 더 이상의 고민은 불필요했다. 이곳에 온 이상 나는 그것이 가능하든 가능하지 않던 해야만 했다.

수업을 마치고 나니 벌써 8시였다. 무려 두 시간 동안 수업을 한 것이다. 도서관 바닥을 쓸고 책 정리를 한 뒤 자물쇠로 문을 잠갔다.

가로등이 없어 깜깜한 밤, 숙소로 돌아가는 길은 훨씬 길게 느껴졌다. 희미한 불빛조차 보이지 않아 울퉁불퉁한 흙길에서 발을 헛딛기도 했다.

"오늘 수업 어땠어?"

조안은 먼저 숙소로 돌아갔고 나와 함께 길을 걷던 스테판이 물었다.

"처음엔 당황스러웠는데 의외로 재미있었어. 내일부터 계속 다니엘라와 수업을 할 거야."

"정말?"

스테판이 꽤나 놀란 눈치였다. 분명 내가 기겁하고 포기할 줄 알았던 것이다.

"근데 아까는 정말 이해가 가지 않았어. 왜 갑자기 나에게 수업을 맡긴 거야? 조안이 하기로 한거 아니었어?"

"아, 그게 사실은 몇몇 사람에게 항의가 들어왔어. 조안이 자꾸 잘못된 영어를 가르쳐 준다는 거야. 게다가 사람들이 조안의 영어를 이해하지 못해서 조안도 그걸 알고 자꾸 움츠러들더라고. 그 뒤로는 영어 가르치는 일을 하지 않으려해."

자꾸 내 수업을 힐끔거리던 조안의 모습이 떠올랐다.

"그렇지만 조안은 영어를 잘하잖아? 말도 엄청 빠르고 말이야."

"진심이야? 조안이 영어를 잘한다고? 하하, 정말 재밌네. 다른 봉사자들조차 이해하지 못하는 걸."

　나 혼자만 그의 말을 이해하지 못하고 있다 생각했는데 그게 아니었다. 교사들 사이에서 조안의 영어는 늘 놀림감이 되고 있었다. 나만이 아니라는 생각에 안도감이 들었다. 하지만 한편으로는 조안에게 마음이 쓰였다. 그 역시 모국어가 아닌지라 영어를 가르치기 녹녹치 않은 모양이었다. 사실 모국어가 아니니 못하는 게 당연한데도 부족한 영어 때문에 웃음거리가 되어야 한다니 씁쓸했다. 다른 봉사자들 역시 내 영어를 비웃고 있진 않을지 의문이었다.

　숙소에 도착하니 저녁이 준비되어있었다. 오늘은 제라드와 젬마의 차례였다. 메뉴는 '칠리'였다. 한 번도 들어보지 못한 생소한 음식이었는데 미국에서는 아주 대중적인 음식이라고 했다. 특히 미국 남서부 지방에서 유명한데 한 마디로 표현하면 매콤한 토마토 스프 같은 음식이었다. 남미에서 처음으로 먹는 매콤한 음식이었다. 내 입맛에는 꼭 맞는데 다른 친구들은 눈물 콧물 흘리기에 바빴다.

　"고추를 좀 많이 넣었나봐."

　젬마는 땀을 흘리는 친구들을 보며 미안해했다. 모두 얼굴이 벌게져 웃음이 났다.

　훌륭한 저녁을 먹고 나니 기분이 좋아졌다. 매일 이렇게 새롭고 근사한 저녁을 먹을 수 있다면 이곳에서의 생활이 그렇게 나쁘진 않겠다는 생각이 들었다. 하지만 잠을 자려고 누운 순간 그런 생각은 싹 사라졌다. 왕 나방이 또다시 방안을 휘젓고 나녔기 때문이다. 나는 결국 오늘도 나방에게 싸대기를 맞으며 잠이 들었다.

오레오를 먹는 방법

조금씩 비가 내리기 시작했다. 빗속에 길을 나섰더니 더 추웠다. 조금 헤매긴 했지만 그래도 늦지 않게 학교에 도착했다. 하지만 소피와 나 외엔 다른 봉사자들이 보이지 않았다.

오늘은 금요일이라 정규 수업은 콜라다 시간 후 두 시간만 있었다. 대신 콜라다 시간 전까지 전교생이 다함께 쓰레기 분리수거를 해야 했다. 선생님들의 지도하에 아이들이 모두 한자리에 모였다.

아이들은 집에서 일주일 동안 모아온 쓰레기를 큰 푸대자루에 분리수거했다. 매주 하는 일인데도 깡충깡충 뛰어다니며 꽤나 열심이었다. 페트병은 발로 밟아 부피를 줄이고 뚜껑은 뚜껑끼리 따로 분리했다. 서로 조금이라도 많이 하려고 경쟁이 붙은 모습이었다.

콜라다 시간이 끝난 후 아침 10시 젬마 수업을 참관했다. 2반의 영어수업이었다. 오늘은 마침 시험을 보는 날이었다. 책상을 다시 배치하고 각각 아이들의 이름을 적은 스티커를 붙였다. 알파벳을 받아 적는 단순한 받아쓰기였지만 아이들은 제대로 책상에 붙어있지도 않았다. 젬마는 아이들을 앉히고 알파벳을 불러주느라 정신이 없었다. 커닝을 하러 일어나는 아이, 자신의 시험지를 숨기는 아이, 이름표 스티커를 떼려는 아이까지, 이건 뭐 시험이 문제가 아니었다. 아이들을 컨트롤 하는 것 자체가 어려워보였다. 소피와 나는 절망스러운 표정을 감출 수가 없었다. 결국은 점심을 거르고 숙소로 돌아가기로 했다. 언덕을 내려오는 길에 학교전용 트럭 뒤에 타고 언덕을 올라오는 스테판과 조안 그리고 제라드를 만났다. 점심도 먹고 오후에 있을 특별수업도 해야 해서 학교로 오는 모양이었다.

"점심 안 먹어?"

"응. 몸이 안 좋아서 그냥 숙소로 돌아가려고. 나중에 숙소에서 보자."

마음이 불편했다. 수업이 없다곤 하나 고작 이틀째인데 벌써 피곤하다고 숙소로 돌아가다니.

'윤미언니, 경화언니와 함께 여행할 때는 분명 이러지 않았는데……'

콜롬비아부터 에콰도르 키토까지 여행하면서 언제나 에너지 넘치고 활기찬 내가 이곳에선 점점 생기를 잃어가고 있었다.

아침부터 밖이 소란스러웠다. 주말을 맞이해 대부분의 봉사자 친구들이 떠날 준비를 했다. 가까운 근교로 놀러가는 친구들도 있고 멀리 하이킹을 떠나는 친구도 있었다. 이번 첫 주는 그냥 쉬기로 했다. 소피도 마찬가지였다. 모두가 숙소를 떠났는지 밖이 잠잠해질 무렵 소피와 부엌으로 내려왔다.

게으른 주말의 시작은 오레오와 함께였다. 어제 트럭을 타고 시내까지 나가 장을 봐온 참이었다. 사놓고 꾹 참았다가 경건한 마음으로 포장지를 열었

다. 까만 쿠키 사이로 살짝 투명한 느낌이 들만큼 새하얀 크림, 지난 밤 우리는 잠에 들기 전 오레오 먹는 법에 대해 토론을 했었다.

"우선 양쪽 쿠키를 반으로 갈라 크림부터 음미해야해. 자, 이렇게 크림을 혀끝으로 핥아 먹고 나머지 남은 크림과 함께 쿠키를 먹는 거야." 소피는 양 손으로 쿠키를 반으로 나누는 척 눈을 감고 정말 크림을 음미하는 것처럼 연기했다.

"그것도 좋지만 난 우유와 함께 먹을 거야. 우선 한입 작게 베어 문 후 우유에 살짝 담그는 거지. 그래야 우유가 잘 스며들거든. 그럼 우유가 닿은 부분은 부드럽고 우유가 닿지 않은 부분은 단단하고 바삭함이 살아있어. 그래서 입안에 넣었을 때 최상의 맛이 나오는 거야."

상상만으로도 우리는 미소를 지었다. 이 곳에 온 이래 가장 행복한 순간이 이 쿠키를 먹을때라니 한심하기도 하고 비참하기도 해서 깔깔거릴 수 밖에 없었다.

선생님이 아니라 베이비시터

이번 주부터 유치부를 두 그룹으로 나눠 수업하기로 했다. 에린과 안토니오가 그룹A를 전담하고 나와 소피 그리고 학교 선생님인 엘리자베스가 더 어린 그룹B를 담당하게 되었다. 그룹B에는 9명중 5명의 아이로 편성했는데 세 명의 선생님과 다섯 명의 아이들이라니 거의 일대일 과외나 마찬가지였다. 하지만 선생님이 많다고 어린 아이들을 제어하기 더 쉬운 건 아니었다. 유치부 교실은 하나라서 그룹A와 B가 번갈아가며 실내와 야외수업을 하게 되었다. 모두 에린의 아이디어였다.

기본적인 출석체크와 준비노래를 부르고 아이들을 데리고 유치원 건물 뒤쪽에 있는 운동장으로 갔다. 운동장이라고는 하나 민망 할 정도로 작은 공간이었다. 우리는 아이들과 축구를 하며 시간을 보냈다. 콜라다 시간 후에는 교실 안에서 숫자 색칠과 종이로 모자이크를 했다. 아이들은 종이를 잘게 찢고 붙이는 것에 굉장한 흥미를 갖고 있었다. 모두들 재미있어했다. 하지만 소

69

피와 나는 아이들에게 직접적인 설명이나 지시를 할 수 없었다. 자연히 에린의 도움을 받아야했는데 사실 이건 그리 유쾌하지 않은 일이었다. 우리 둘 다 에린의 직설적이고 명령적인 말투가 맘에 들지 않았기 때문이다. 하지만 유창한 스페인어로 유일하게 유치부 선생님 둘과 의사소통이 가능한 그녀의 말을 따를 수밖에 없었다. 하지만 그것도 한계가 있었다. 아이들과 혹은 엘리자베스와 소통을 할 수 없어 답답하고 내 자신이 한심해 화가 났다.

'내가 지금 여기서 무얼 하고 있는 거지? 난 영어를 가르치러 왔는데 영어는커녕 아이들의 말조차 이해하지 못하고 있어. 내가 무슨 선생님이야. 말 한마디 못하는 벙어리지.'

난 그냥 유치부 아이들을 돌보는 베이비시터에 불과했다. 내가 그들에게 할 수 있는 말은 "에스토(이거)?", "아키(여기)?", "포르케(왜)?" 그리고 "무이 비엔(참 잘했어요)" 정도였다. 생각해보니 이곳에 오기 전 언니들과 여행을 다닐 때 오히려 더 유창하게 스페인어를 구사한 것 같다. 그땐 버스표도 사고 가격도 깎고 숙소 직원들과 수다도 떨었었는데 그 말들을 내가 다 어떻게 표현했던 건지 의문이 들 정도였다.

유창하게 영어와 스페인어를 구사하는 다른 봉사자들 사이에서 나는 점점 자신감을 잃고 있었다. 상태가 이 모양이니 내가 유치부에서 하는 일이라곤 고작 엘리자베스 옆에 앉아있는 거였다. 그냥 눈치껏 아이들의 그림그리기를 도와주고 같이 퍼즐을 맞춰주고 있었다. 아이들은 쉼 없이 나에게 손을 내밀며 말을 하는데 나는 아무것도 이해할 수 없었다. 답답해 미칠 지경이었다. 내가 이곳에 있는 그 존재의 이유에 대해 고민하기 시작했다.

'차라리 지금이라도 깨끗이 인정하고 돌아가야 할까?'

아무리 생각해도 이곳에 내가 필요한 것 같진 않았다.

"쓰레기가 된 기분이야."

소피 역시 얼어붙은 손을 꼭꼭 주무르고 있었다.

"도움이 되고 싶어 왔는데 난 아무것도 할 수 없어."

내 말을 듣고 있던 소피는 나를 이해한다는 듯 쳐다봤다.

"나 역시 그래. 이런 걸 상상하고 온 게 아니거든. 하지만 어쩌겠어. 우선 스페인어를 못하잖아. 한 동안은 이렇게 지내야 할거야."

그녀는 새침데기 막내 누스타를 반대편으로 돌려 안으며 말했다.

"정말 당분간일까? 내가 이곳에 익숙해지는 날이 오긴 할까? 내 스페인어가 아이들을 가르칠 만큼 늘 수는 있을까?"

한숨을 쉬는 내게 그녀는 입 꼬리를 살짝 올리며 애써 웃음 지었다. 사실 그건 답을 요하는 질문이 아니었다. 그냥 나의 소망이고 기대였다. 너무도 깜깜해서 절대 보이지 않을 것 같은 희망 말이다.

당신이 이곳에서 할 수 있는 건 아무것도 없어요

"이곳을 떠나줘야겠어요."

인자한 미소는 사라지고 그는 굳은 표정으로 나를 쳐다봤다. 내가 처음 로버트를 만난 도서관 2층에서 나는 그와 마주하고 있었다.

"당신은 이곳과 어울리지 않아요. 스페인어도, 그렇다고 영어를 잘 하는 것도 아니잖아요. 우린 아이들을 가르칠 선생님이 필요해요. 당신이 이곳에서 할 수 있는 건 아무것도 없어요."

나는 어떤 표정을 지어야할지 고민했다. 분명 나는 기뻐하고 있었다. 이곳을 벗어날 수 있게 되었다고, 이곳을 떠나 다시 아늑한 숙소에서 편하게 지낼 수 있을 거라고 생각하며 말이다. 나도 모르게 슬며시 미소가 지어졌다. 내가 웃을수록 로버트의 얼굴은 점점 굳어졌다. 그러다가 문득 그의 얼굴이 빨갛게 변하고 있다는 걸 눈치 챘다. 웃음을 멈췄지만 로버트는 이미 화가 난 듯 보였다. 그의 얼굴이 점점 더 붉어지더니 얼굴이 더 매섭게 변하고 있었다. 너무 무서워 자리를 피하고 싶었지만 몸이 움직이질 않았다. 의자에서 일어설 수도 손가락을 움직일 수조차 없었다.

그와 눈을 마주치기 싫어 방안을 둘러보다 칠판 옆에 걸린 그림 하나에 눈 길이 멈췄다. 알록달록 여러 가지 색으로 그려진 추상화였다. 그림 속 색감들이 서로 뒤엉켜 빙글빙글 돌기 시작했다. 마치 소용돌이 같았다. 그 안으로 빨려가는 느낌이었다. 눈을 질끈 감아버렸다.

눈을 떠보니 주변이 깜깜했다. 나는 여전히 내 방안에 있었다. 이상한 꿈이었다. 시계를 보니 새벽 4시가 넘어 있었다. 소피와 젬마는 여전히 잠에 빠져있었다. 한숨을 쉬었다. 어둠 속에서도 하얀 입김이 보였다. 몸을 둥글게 말고 양쪽 발을 꼼지락거렸다. 이대로 다시 잠에 들 수 없을 것 같았다. 로버트의 말이 귓가에 맴돌았다.

"당신이 이곳에서 할 수 있는 건 아무것도 없어요."

못된X

유치부 수업이 끝나자마자 소피와 팔릴레오로 갔다. 팔릴레오는 살라사카에서 버스로 10분정도 떨어진 인근 마을이었다. 살라사카에 비하면 가게들도 많고 매주 장도 서고 있었다. 소피와 나는 단체 저녁식사를 위해 장을 봐야했다.

저녁식사는 일주일에 5달러씩 모아 예산을 짰다. 그리곤 돌아가면서 당번을 정해 함께 밥을 해먹었다. 굉장히 좋은 아이디어였다. 금요일과 주말을 제외하고 일주일에 4일 저녁을 함께 먹기 때문에 하루 1달러 25센트를 내면 저녁식사가 해결되는 거였다. 개인적으로 저녁을 해먹는 조안과 알렉스를 제외하면 총 10명의 음식을 준비해야했다. 오늘 우리의 예산은 12달러 50센트였다.

우리는 장을 보면서 저녁 메뉴에 대해 의견을 나눴다. 처음에는 피자를 만들 생각이었으나 피자 도우 만들기에 자신이 없어 안전하게 파스타를 만들기로 했다. 지난 주말에 만들었던 크림파스타였다. 주말에 파스타를 만들고 남은 재료가 있어서 재료를 전부 다시 살 필요가 없었다. 덕분에 우리는 디저트를 준비할 예산 5달러가 남았다. 디저트를 준비해야할 의무는 없었지만 그동안 다른 친구들 모두 디저트를 준비했고 처음 식사를 준비하는 터라 정말 잘해내고 싶었다. 고민 끝에 귀여운 동물쿠키 한 봉지와 밀크초콜릿 그리고 딸기를 조금 샀다.

8시가 되기 10분전쯤 파스타를 삶기 시작했다. 푹 익은 브로콜리를 좋아하는 지라 브로콜리도 파스타와 함께 삶았다. 나머지 야채는 다른 냄비에서 버터와 함께 볶아냈다. 잠시 부엌에 들른 에린이 오늘의 메뉴에 대해 전해 듣고는 자신은 우유를 먹지 않으니 자신의 파스타는 치즈하고만 볶아서 따로 주라고 했다.

'얼씨구, 입맛까지 까다롭구먼.'

에린이 가고 나서 치즈를 모두 잘게 자르고 우유도 준비했다. 똑같은 음식인데도 그냥 둘이 먹는 양과 10인분을 만드는 건 꽤나 큰 차이가 났다. 파스타에서 물을 빼는 작업부터 엄청난 양의 야채를 볶는 것까지 쉽지 않았다. 저녁 시간이 다가올수록 '괜히 실수하거나 맛이 별로면 어쩌지' 하고 걱정이 되기 시작했다. 소피는 물기를 뺀 파스타를 야채와 함께 볶고 나는 디저트를 미리 준비하기 위해 동물쿠키 봉지를 뜯고 있었다. 갑자기 소피가 "세상에" 하고 소리를 질렀다. 옆을 쳐다보니 그녀가 우유를 들고 있었다. 그녀의 얼굴은 우유만큼이나 새하얘져 있었다.

"깜박 잊고 그냥 우유를 부어버렸어. 어쩌지?"

우리 둘 다 정지상태가 되었다. 부엌까지 들어와 부탁한 건데 그냥 우유를 부어버렸으니 큰일이었다.

결국 나는 에린을 부엌으로 데려왔다. 우리는 우리의 실수를 설명했고 이야기를 들은 에린의 표정은 점점 일그러졌다.

"우유는 정말 조금 넣었는데 그것도 안 되는 거야?"

소피가 미안해 죽을 것 같은 표정으로 물었다. 안 그래도 차가운 에린의 표정이 더 차갑게 굳어버렸다. 우리는 기어가는 소리로 미안하다고 말했지만 에린은 들은 척도 하지 않았다. 에린이 쌩하고 부엌 밖으로 나가버리고 우리는 멍한 표정으로 서로를 바라봤다. 몇 분 후 에린이 다시 부엌으로 돌아와 말했다.

"오늘 내가 낸 저녁식사 값은 돌려주는 거지?"

우리는 바로 돈을 돌려주겠다고 말했다. 에린은 몸이 안 좋다며 끝내 방으로 들어가 나오지 않았다. 잘해보려고 했던 우리의 첫 저녁식사 준비는 채 준비도 하기 전에 엉망이 되 버렸다. 에린에게 정말 미안했다.

시간에 맞춰 파스타를 완성하고 다 같이 맛있게 나눠먹었다. 지난 주 우리끼리 만들어 먹을 때보다 맛은 덜했지만 우선 시간 내에 음식을 완성했다는 사실에 안도했다. 채 파스타를 다 먹기도 전에 소피와 나는 다시 부엌으로 들어가 디저트를 준비하기 시작했다. 동물모양 쿠키와 먹기 좋게 자른 딸기, 바나나를 놓고 가운데에는 녹인 초콜릿을 장식 해 근사한 디저트를 완성할 수 있었다. 결과는 대 성공! 파스타보다 반응이 더 좋아서 금방 동이 났다. 나는 미리 조금 덜어놓은 디저트 접시를 조던에게 전하며 말했다.

"이거 에린 몫으로 남겨놓은 거야. 미안하다고 좀 전해줘."

에린이 방에서 나오질 않는 게 마음에 걸려 조던을 통해 미안함을 전했다. 그런데 방에 들어간 조던이 그걸 그대로 들고 나왔다. 안 먹는다고 했단다. 좋은 마음으로 신경 썼는데 괜히 마음만 상했다. 그나저나 융통성 없이 그 말 그대로 전하는 조던 역시 조금 얄미웠다.

　다음날 식사당번은 에린과 조던이었다. 그들이 준비한 메뉴는 땅콩버터 비빔밥이었다. 브로콜리, 콜리플라워, 당근을 넣은 야채볶음과 아주 걸쭉한 땅콩버터 소스를 밥과 함께 비벼 먹는 음식이었다. 땅콩버터와 밥이라, 걱정과는 달리 신세계라는 표현이 어울릴 정도로 새로운 맛이었다. 한 번도 생각해본 적 없는 조합이었는데 밥과 땅콩버터는 천생연분처럼 입안에서 환상의 조화를 이루었다. 단순히 땅콩버터를 넣는 게 아니라 땅콩버터를 가지고 따로 소스를 만든 모양이었다. 고소하고 살짝 짭짤하고 감칠맛이 돌았다. 끝 맛은 살짝 매콤하기까지 했다. 하지만 이렇게 훌륭한 저녁을 준비했음에도 나는 에린이 더 싫어졌다.

　식사를 마치고 다 함께 모여 이야기를 나누고 있었다. 가장 수업태도가 좋은 반으로 모두들 2반을 뽑았는데 에린이 갑자기 정색을 하며 말했다.

　"말도 안 듣고 애들도 별로야."

　"2반 아이들이? 걔네들이 얼마나 착한 애들인데."

　스테판이 믿을 수 없다는 듯 그녀에게 되물었다.

　"아니야. 그 중에서도 항상 검은색 망토에 머리 묶고 다니는 여자아이 있잖아, 걔는 완전 못된X이야."

　에린은 인상을 찌푸리며 손을 내저었다. 에린의 말에 잠시 정적이 흐르더니 스테판이 웃음을 터뜨렸다.

　"지금 '세사르' 말하는 거야? 세상에, 걔는 남자애야 여자애가 아니라고."

　따로 밥을 먹던 조안과 알렉스까지 웃음을 터뜨렸다.

　"아니야. 여자애 맞아. 머리도 길고…… 암튼 확실히 여자애였어."

살짝 당황한 에린이 말했다.

"하하, 검은 망토 입고 다닌다고 했지? 그건 살라사카 남자들만 입는 전통복 판초잖아."

제라드의 말에도 에린은 여전히 믿을 수 없다는 표정을 지었다.

"정말? 그렇다면 참 예쁘게도 생긴 X이네."

난 유치부 아이들을 제외하곤 초등부 아이들을 잘 알지 못했다. 하지만 에린이 언급하는 그 아이를 알지 못함에도 기분이 나쁘고 짜증이 났다. 아무리 못되게 굴어봤자 그냥 어린아이일 뿐인데 그렇게 욕까지 섞어 비난하는 그녀의 태도가 마음에 들지 않았다. 더군다나 다른 봉사자들은 동의하지 않는 비난이었다. 도무지 에린을 이해하기 힘들었다. 분명 그 아이가 못 된 게 아니라 에린의 그 못된 성격을 그 아이가 알아 차렸음이 분명했다.

흙먼지 이는 야외 디스코

유치부 수업이 끝났지만 나는 학교주변을 어슬렁거렸다. 유치부 선생님인 엘리자베스를 기다리고 있었다. 오늘은 그녀와 함께 마을 축제에 놀러가기로 했기 때문이다.

이틀 전 급식실 앞 벤치에 앉아 처음으로 그녀와 이야기를 나눴다. 같이 유치부를 가르치며 수업을 하지만 수업에 관한 의사소통을 하기도 버거워 개인적인 이야기를 나누지 못했다. 우리는 마치 처음 만난 사람들처럼 기본적인 질문을 하기 시작했다. 그녀는 영어를 전혀 하지 못했고 나 역시 스페인어에 서툴러 긴 대화는 불가능했다. 말은 통하지 않지만 나는 그냥 그녀가 좋았다. 안토니와 달리 그녀에겐 따뜻한 느낌이 들었다.

그녀가 이번 주에 축제가 열린다는 사실을 알려줬다. 물론 그 축제가 어떤 축제인지 장황하게 설명하는 그녀의 말에서 내가 이해할 수 있는 단어는 '피에스타(축제)' 이거 하나였다. 축제가 있다는 사실을 전하는데 '축제'보다 더 중요한 단어가 어디 있으랴.

"쿠안도(언제)?" 라는 물음에 그녀는 "미에르콜레스(수요일)" 이라고 대답했다. 무슨 축제인지는 몰라도 '미에르콜레스'에 '피에스타'가 있다는 말에 나는 어린애처럼 방방 뛰며 좋아했다. "키에로(원해)" 라고 소리치니 그녀는 자신과 함께 가자고 말했다. 또 다시 어린애처럼 기뻐하며 말했다. "발레, 그라시아스(좋아, 고마워)."

나는 소피와 함께 그녀를 기다렸다. 한참이 지난 후 그녀가 나타났다. 우리는 함께 들판을 걸어 살라사카 시내로 걸어 내려갔다. 시내에서 오른쪽 방향을 따라 쭉 내려가다 보니 공사를 하다만 듯 보이는 시멘트 집이 보였다. 그 앞에는 한 아주머니가 과일을 내다 팔고 계셨다. 바구니에 과일을 담아 지나가는 운전자를 상대로 파는 거였다. 그 옆에는 어린꼬마들이 옹기종기 모여 앉아 과일을 닦고 있었다. 그들이 엘리자베스를 발견하곤 반갑게 손을 흔들었다. 그리곤 엘리자베스 뒤에서 우리 둘을 빼꼼히 쳐다봤다. 엘리자베스의 사촌동생들이었다. 그 아주머니는 그녀의 이모였다. 그들은 처음 보는 우리들을 반갑게 맞아주었다. 아주머니는 자두를 몇 개 집어 치마에 슬쩍 닦아 우리에게 건넸다. 길거리 흙먼지를 마시며 파는 과일이라 받기 미안했지만 성의를 무시할 수 없어 양손가득 자두를 받아들었다.

시멘트 건물 계단을 올라가보니 뒤편에 엘리자베스의 집이 있었다. 마치 공사를 하다 만 듯 허술해 보였다. 앞뜰은 온통 잡초들로 빽빽하게 채워져 있었다. 그녀는 우리를 방으로 안내했다. 그녀의 방에는 큰 침대와 옷장 그리고 텔레비전이 있었다. 집 벽면과 바닥은 장판이나 페인트를 칠하지 않은 시멘트를 바른 그대로의 상태였다. 사실 엘리자베스의 집 뿐 아니라 살라사카 마을의 대부분의 집이 이런 식이었다. 그냥 시멘트 바른 집에 침대 하나 덩그러니 있는 경우가 다반사였다. 그래서 우리가 보기엔 공사 중 인 듯한 집도 알고 보면 이미 완공 된 가정집이었다.

어쨌든 엘리자베스가 우리를 집으로 데려간 이유는 우리에게 살라사카 전통복을 입히기 위해서였다. 어린아이부터 할머니까지 이곳 살라사카 주민 들은 평소에도 이곳의 전통복을 입고 다녔다. 특별한 날이 아니어도 말이다.

자두를 두 손에 꼭 쥐어준 인상 좋은 그녀의 이모가 옷 입기를 도와주셨 다. 우선 속의 내의만 빼고 일반복을 벗어던진 후 꽃무늬 자수가 고이 새겨진 하얀 블라우스를 입었다. 블라우스는 칠 부 정도의 길이였고 표면이 매우 보 드라웠다. 목 부분과 팔부분에는 화려하고 풍성한 레이스로 장식되어 있었다. 그 다음은 치마였다. 살라사카 전통 치마는 검은색 딱 한 종류인데 아주 커다 랗고 도톰한 검은 천이었다. 커다란 천을 두 번 접어서 부채모양으로 주름을 넣어가며 허리에 둘러야했다. 이 주름을 접는 작업이 보기보다 어려워 몇 번 접었다 풀었다를 반복했다. 허리부분은 10cm 정도 너비의 허리띠로 고정시 켰다. 손수 한 땀 한 땀 놓아 만든 특별한 허리띠였다. 그 다음은 붉은 적빛의 천을 두 겹으로 접어 어깨에 두른 뒤 그 위로 어두운 보라색의 망토를 하나 더 둘렀다. 반짝거리는 화려한 브로치를 꽂아 망토를 고정시키고 마지막은 수공 예로 만들어진 독특한 전통신발을 신었다. 두 가닥의 끈으로 발목에 고정시키 는 방법이 특이했다. 머리는 차분히 묶고 엘리자베스가 골라주는 금색의 화려 한 목걸이와 귀걸이를 착용했다. 어느새 나도 살라사카 주민이 되어 있었다.

아직 해가 저물지 않은 오후 5시였지만 이미 마을은 축제분위기로 소란 스러웠다. 우리 셋은 수풀을 지나 축제장소로 한참을 걸어야했다. 다행히 그 곳을 지나가던 엘리자베스 친구 '폴'의 차를 타고 축제 장소에 도착했다. 그곳 은 도서관과 살라사카 시내의 중간쯤 위치한 곳이었는데 역시 짓다 만 듯한 시멘트 집이 덩그러니 놓여있었다.

시끄러운 음악이 울려 퍼지고 사람들은 야외 마당에서 원모양으로 빙둘러서있었다. 무엇인가를 구경하는 듯 했다. 옥상에도 모두 자리를 잡고 앉아 그곳을 내려다보고 있었다. 그 틈을 비집고 들어가려는데 사람들의 이목이 우리에게 집중되었다. 너무 당연했다. 그곳엔 살라시카 주민들 외에 다른 외부인은 없었다. 외국인이 그것도 살라시카 전통 옷을 입고 있으니 눈에 띄지 않을 수 없었다.

무슨 대단한 공연이라도 있는 줄 알았는데 그런 건 아니었다. 대신 흰색 셔츠에 검은색 멜빵바지 그리고 똑같은 모자를 쓴 청년들이 잔뜩 술에 취해 원을 그리며 함께 춤을 추고 있었다. 좁은 챙이 달린 군대식 검은 모자였는데 금수가 놓아지고 별모양 징이 박혀 화려하고 꽤나 멋진 모자였다. 살라시카 주민들은 전통적으로 남녀 모두 모자를 즐겨 쓰는데 검은색, 갈색, 초록색, 베이지색 등 색은 여러 가지만 벨벳 느낌의 촉감과 페도라 형식의 디자인은 동일했다. 구경하는 주민들은 모두 이 페도라 모자를 쓰고 있었고 공연인지 아닌지 헷갈리게 하는 청년들은 모두 처음 보는 군대식 모자를 쓰고 있었다. 그리고 한 남자가 눈에 띄었다. 그는 페도라도 이 군대식 모자도 아닌 빨간색의 고깔모자를 쓰고 있었다. 군데군데에는 조그만 거울들을 잔뜩 붙여놓은 모양이었다. 모자 끝부분에는 형형색색의 긴 끈을 붙여 화려하게 장식했다. 그는 이 축제의 중축이자 리더로 보였다. 모여 있는 청년들에게 소리를 지르고 무당처럼 손에 든 종을 흔들며 흥을 돋았다. 그를 중심으로 청년들은 원을 그리며 춤을 추기 시작했다. 채찍 같은 걸로 때리는 듯한 몸짓도 선보였다. 그들이 무엇을 표현하고자 하는지 무엇을 말하고자 하는지 나아가 이 축제가 무엇을 위한 축제인지 아무것도 이해가 되지 않았다. 하지만 이 마을에서 꽤나 중요한 행사처럼 보였다.

이내 해가 저물었다. 날이 어두워지자 이번엔 마을 전체가 말을 탄 청년들로 가득 찼다. 백마부터 흑마까지 마을의 말들은 모두 소집한 모양이었다. 아까 퍼포먼스를 보여주던 청년들이 저마다 말에 올라탔다. 낮부터 술을 잔뜩 마셔대더니 말을 타고도 계속 휘청거렸다. 말에서 떨어질듯 상체를 아예 한쪽으로 기울였다가 다시 세웠다가 난리법석을 치는 이도 있었다. 이것이 또 하나의 퍼포먼스인지 아니면 정말 술에 취해 몸을 가누기 힘든 건지 알 수 없었다. 하지만 매우 위험해 보여서 보는 내내 아슬아슬 마음이 불안했다.

축제는 살라사카 시내에서 차로 15분정도 떨어진 넓은 부지에서 계속되었다. 우리는 도로에서 트럭을 잡아타고 이동했다. 엘리자베스의 또 다른 친구인 본조비와 마리오까지 함께했다. 어둡고 깜깜한 밤인데 바람까지 불어 트럭 뒤에서 바람을 정면으로 맞아야했지만 그것조차 재미났다. 트럭에서 내려 잠시 모랫길을 걸었다. 그렇게 도착한 곳에는 역시 많은 주민들이 이미 축제를 즐기고 있었다. 제법 규모도 컸다. 평소에 살라사카에서는 볼 수 없는 길거리 음식을 파는 천막들이 줄지어있었다. 협소하지만 천막으로 감싼 무대장치도 보였다. 뭔가 제대로 된 축제가 열리는 듯 했다.

본격적인 축제를 알리는 축하연설을 시작으로 살짝 어설퍼 보이는 밴드들이 음악을 연주하기 시작했다. 에콰도르 전통악기들로 연주하는 신나는 곡들이었다. 우리나라의 뽕짝과 민요를 섞어놓은 듯한 음악이었다. 술에 취한 청년들이 이리저리 몸을 가누지 못하며 춤을 추기 시작했고 주변 사람들까지 무대 앞으로 나와 음악을 즐겼다. 대부분이 남자들이었고 남자들이 손을 잡고 끌고 온 여자들도 소심하게 몸을 흔들고 있었다. 역시나 외국인은 우리밖에 없었고 당연히 그들의 레이더망을 피할 수 없었다. 그들이 쉴 새 없이 권하는 술을 사양하고 대신 그들과 함께 나가 춤을 추기 시작했다. 뭘 어떤 식으로 춰야할지 몰라 옆으로 사람들을 슬쩍슬쩍 쳐다봤다. 대부분의 남자들은 이미 술이 거나하게 취한 상태였고 춤을 추는 와중에도 맥주병을 들고 있었다. 춤을 추다 슬그머니 다시 돌아오면 또 다른 이들이 춤을 청했다. 마지막엔 그 고깔모자의 남자와도 춤을 춰야했다. 그들의 몸짓은 춤이라고 하기에도 매우 볼품없었지만 그들은 흥겨워했고 보는 사람들도 함박웃음을 지으며 그들을 구경했다.

폭죽이 터지고 있었다. 하지만 이제 숙소로 돌아가야 했다.

"이만 가야할 것 같아."

"벌써? 좀 더 보다가 우리 집에서 자고 내일 같이 학교에 가자."

엘리자베스는 아쉬워했다. 나도 그러고 싶었다. 하지만 소피는 우리가 숙소로 돌아가지 않으면 다른 봉사자들이 걱정할지도 모른다며 내켜하지 않았다. 다른 봉사자들이 우릴 그다지 걱정할 것 같진 않았지만 내일이 주말도 아니고 수업이 있기 때문에 하는 수 없이 숙소로 돌아가기로 했다.

축제의 마지막 날은 더 많은 사람들이 모여들었다.

아는 얼굴들이 곳곳에 보였다. 학교선생님인 안토니오와 그녀의 딸 야리나가 함께 축제구경을 하고 있었다. 학교 부엌을 책임지는 요리사 마리타 아줌마와 그녀의 딸도 곱게 차려입은 모습이었다. 살라사카 여인들은 평소에도 전통복을 입기 때문에 축제 같은 특별행사에도 평소 같은 옷차림이었지만 평소보다 화려한 목걸이와 브로치, 귀걸이 등으로 축제 분위기를 내었다.

엘리자베스의 친구 본조비도 다시 만났다. 우리는 첫 날보다 훨씬 화려한 무대공연을 보며 축제의 열기를 느낄 수 있었다. 초대가수는 꼬불꼬불 긴 곱

슬머리를 자랑하는 마라도나를 닮은 아저씨였다. 뒤에는 파란 반짝이 양복을 맞춰 입은 밴드가 신명나는 연주를 시작했다. 이름 모를 초대가수 아저씨와 함께 올라온 여자 댄서는 음악에 맞춰 아주 유연한 몸놀림으로 춤을 추고 있었다. 콜롬비아 여자가 아닌가 할 정도로 에콰도르에서는 좀처럼 보기 힘든 굴곡 있는 날씬한 몸매였다. 전통복을 곱게 차려입은 살라사카 주민들과 화려한 모습의 무대 위를 번갈아 쳐다보았다. 엄청나게 동 떨어진 기분이 들었다. 어울리지 않는 조합이긴 하나 무대 위 댄서와 가수도 공연을 보는 주민들도 모두 같이 흥에 겨워보였다.

길어야 한 두 시간 정도면 공연이 끝날 줄 알았는데 가수도 댄서도 그리고 밴드도 바뀌지 않고 세 시간 넘게 공연이 계속되었다. 쉬지도 않고 혼자 열정적으로 춤을 추는 그 글래머 댄서가 참으로 대단해보였다.

슬슬 지루해지기 시작했다. 주변을 둘러보니 모두 앉아서 꼼짝도 하지 않고 무대를 뚫어지게 쳐다보고 있었다. 다들 표정은 별로 신나 보이지 않는데 그렇다고 자리를 뜰 생각은 없어보였다. 이것이 살라사카식 축제 즐기기인 것 같았다. 남자들은 취해서 무대 앞에서 춤을 추고, 다른 사람들은 박수는커녕 미동도 않고 끝까지 앉아있었다. 나는 본조비와 엘리자베스에게 이만 가야겠다고 말했다. 엘리자베스는 아쉬운지 자꾸 나를 붙잡았다. 그렇게 붙잡아봤자 우리가 하는 일이라곤 서서 다시 그 공연을 쳐다보는 일이었다.

지루해 하는 내게 엘리자베스가 춤을 추자고 제안했다. 다른 때 같으면 부끄럽다고 춤의 '춤'자도 꺼내지 않을 엘리자베스인데 갑자기 무슨 바람이 분건지 알 수 없었다. 어지간해선 다른 이들 앞에서 춤을 추지 않는 나지만 오늘은 축제의 마지막 날, 살랑살랑 부는 봄바람 보다 아니 고요히 흐르는 강물보다도 더 잔잔한 살라사카의 일상에서 이건 또 언제 올지 모르는 기회였다.

"그래. 좋아."

술에 취해 비틀 거리는 건지 아니면 진짜 춤을 추는지 모를 사람들 틈에 자리를 잡았다. 우리 셋은 무대 앞쪽에서 춤을 추기 시작했다. 하지만 그것도 잠시, 소피도 없는 그 곳에서 나는 유일한 외국인이었고 신기한 존재가 되어 버려 사람들의 관심을 부담스러울 정도로 받아야했다. 난처해하는 나 때문에 결국 우리는 제대로 춤바람에 빠질 여유도 없이 그곳을 빠져 나와야 했다. 차라리 잘됐다 싶었다. 하지만 엘리자베스는 그게 그렇게 아쉬운지 자꾸 뒤를 돌아봤다. 그때 잠시 자리를 비웠던 본조비가 미소를 지으며 우리에게 돌아왔다.

"좋은 곳을 찾았어."

우리에게 춤을 출 최고의 장소가 있으니 따라오라고 했다. 얼떨결에 따라간 그곳은 축제무대와 조금 떨어져 설치된 야외 디스코 장이었다. 아니 야외 클럽이라고 해야 하나 아니면 야외 나이트클럽? 뭐가 다른 건진 모르겠지만 아무튼 춤을 출수 있는 곳인 건 확실했다. 다만 높은 알루미늄 판으로 담까지 쌓아놓아 그곳을 들여다 볼 수조차 없었다. 무대가 있는 게 살짝 보이고 담을 넘어 뽕짝 같은 음악이 울려 퍼졌다. 방정맞은 목소리의 DJ도 있었다. 입구 앞에는 문을 열고 닫는 직원이 있었고 그 앞쪽에는 간이 매표소가 있었다. 가격을 보니 어른 2.50달러 커플 4달러 그리고 청소년 1.50달러였다. 살라사카 물가를 생각하면 결코 싼 가격은 아니었다. 하지만 오늘은 왠지 나도 제대로 춤을 추고 싶어졌다. 이곳에서라면 진한 화장을 할 필요도 반짝반짝 화려한 옷을 입을 필요도 그렇다고 춤을 잘 출 필요도 없을 거 같아 왠지 자신감이 생겼기 때문이다.

"자, 오늘은 미친 듯이 놀아 보는 거야."

마음을 먹고 어설프게 달아놓은 문을 열었다.

"아……."

기대도 안했지만 그 안한 기대보다도 더 못했다. 별다른 거 없이 그냥 그 알루미늄 판으로 길만 막아놓은 거였다. 조그마한 무대에는 DJ도 있고 연주를 하는 밴드도 있었지만 그 앞에서 춤을 추는 사람은 고작 7~8명이었다. 오히려 무대 위 스태프가 더 많아 보였다. 도대체 왜 굳이 따로 길을 막아서 이런 걸 운영하는지 내 상식으론 이해가 되지 않을 정도였다. 하지만 이곳은 나의 상식으론 이해할 수 없는 것 투성이다.

엘리자베스와 본조비가 신경 쓸까 애써 실망감을 감추고 함께 춤을 추기 시작했다. 그래도 우리를 방해하는 술에 취한 행인들이 없는 건 확실했다. 셋이서 원을 만들어 우리는 나름의 춤사위를 펼쳐보였다. 예상 외로 점점 흥이 났다. 낮이었다면 흙먼지가 신경 쓰였을 텐데 저녁이라 흙먼지 걱정 없이 열심히 흙을 밟을 수 있었다. 알루미늄 판 하나 차이였지만 어쨌든 제한된 공간이라는 생각 때문인지 우리끼리만 집중하며 춤을 출 수 있었다.

웃음을 참을 수 없었다. 조금 어설프긴 하지만, 조금 이상하기도 하지만 뭐 어떠랴. 그게 바로 살라사카인걸.

폴리폴리

에린과 조던이 떠나면서 그들이 사용하던 방이 비워졌다. 다행히 이 방으로 옮기려는 지원자는 없었다. 우리는 서둘러 이사준비를 했다. 사실 뭐 이사준비 할 것도 없었다. 우리 방에는 따로 수납하거나 정리할 공간이 없어 아직까지도 트렁크 가방 그대로 짐을 풀지 않았기 때문이다.

가장 최근 공사를 끝낸 새 방이었다. 그래서 벽도 바닥도 오래된 나무판자가 아니라 시멘트로 되어있었다. 바닥에는 주황색 타일까지 깔려있었다. 책꽂이도 있고 제대로 된 침대도 있었다. 샤워실이 딸린 화장실까지 있으니 이보다 더 좋을 순 없었다. 그냥 바로 이곳에 왔다면 아무 감흥이 없었겠지만 다락방에 살다 이곳으로 내려오니 이건 5성급 호텔 스위트룸이었다. 하지만 딱하나 치명적인 약점이 하나 있었다. 바로 방문이 없다는 사실. 미처 방문을 달지 못해 검은색 천으로 문을 가려놓은 게 전부였다. 에린과 조던도 문제없이 잘 살았으니 큰 문제없을 줄 알았는데 이사한 첫 날부터 쿨하지 못한 일들이 생기기 시작했다.

우선 엄청난 층간 소음이 문제였다. 방이 1층에 위치한 탓에 2층에서 사람들이 왔다 갔다 하는 소리를 고스란히 들어야 했다. 바닥과 벽이 시멘트였지만 천장은 나무판자라 끼이익 거리는 소리부터 우당탕탕 뛰어가는 소리가 마이크를 설치한 듯 생생한 돌비사운드가 되어 돌아왔다. 그 전에 있던 곳이 맨 꼭대기 다락방이라 전에는 생각도 못한 문제였다. 또 춥기는 얼마나 추운지 모른다. 소피는 슬리핑백이 있어서 좀 나았지만 내겐 얇은 침대 시트가 전부였다. 옷을 잔뜩 껴입고도 입이 돌아가진 않을까 노심초사해야했다. 이걸로 끝이 아니었다. 다락방에서 날 괴롭히던 하얀 곰팡이는 대신 콩벌레들이 나타나 날 괴롭혔다. 곰팡이야 움직이는 게 아니니 그냥 털어버리면 그만인데 콩벌레는 아니었다.

"그래도 귀엽지 않아? 이 롤리폴리들."

"이게 귀엽다고? 그리고 롤리 뭐?"

"이 벌레들 말이야. 이름이 롤리폴리잖아."

"뭐라고? 정말? 이름이 롤리폴리야?"

예상치 못한 콩벌레들의 영문이름이었다.

"롤리폴리는 우리나라에서 요즘 유행하는 노래 제목인데? 우리나라에선 이 벌레가 '콩'을 닮았다고 해서 콩벌레라고 불러."

소피는 이 콩벌레들이 귀엽다고 말했지만 난 롤리폴리라는 이름만 귀여울 뿐이 녀석들의 매력 포인트를 찾을 수 없었다. 시도 때도 없이 하얀 벽을 타고 내려오고 바닥에 떼를 지어 모여 있기도 했다. 무엇보다 아침에 내 침대머리맡에서 그들의 시체를 발견 할 때 마다 소름이 돋았다. 안타깝게도 이것이 끝이 아니었다. 가장 큰 문제가 있었다. 바로 화장실이었다. 화장실이 딸린 방이면 당연히 좋을 줄 알았는데 그게 아니었다. 우선 화장실에 창이 있는데 창문이 없었다. 무슨 말이냐 하면 바람이 통하는 창은 있는데 그냥 뻥 뚫려서 들어오는 바람을 막을 길이 없었다. 그런 탓에 방은 더 추웠고 화장실 습기 때문에 방안이 쾌쾌하고 찝찝했다. 가만 보니 이놈의 콩벌레도 화장실 습기 때문인 것 같았다. 그나마 화장실 문을 꼭 닫으면 괜찮은데 학교에서 돌아올 때마다 화장실 문이 활짝 열려있었다. 알고 보니 옆방의 브랜다가 화장실을 사용하고 문을 닫지 않은 탓이었다. 문을 꼭 좀 닫아주라고 부탁했지만 브랜다는 매번 깜박하기 일쑤였다. 그녀가 가고난 후 소피와 나는 매번 화장실 문 닫기에 바빴다. 더군다나 브랜다는 노크도 하지 않고 바람을 가르는 무사처럼 불쑥불쑥 방으로 들어왔다. 아무리 방문이 없기로서니 이건 좀 매너가 아니었다. 자신의 행동이 우리를 매우 신경 쓰이게 한단 걸 아는지 모르는지 시도 때도 없이 들어와서 우리를 깜짝 깜짝 놀라게 만들었다. 상황이 이렇다보니 이사를 한 게 잘 한건지 의문이 들었다. 물론 다시 그 좁고 낮고 먼지투성이 다락방으로 돌아갈 생각은 전혀 없었다.

필사적으로 생각해야했다. 이 방의 문제점이 아니라 이 방이 사랑스러운 점을 말이다. 첫째, 넓고 아늑한 공간. 둘째, 몸을 숙일 필요 없는 높은 천장. 셋째, 아침 햇살을 가득 받을 수 있는 커다란 창문. 넷째, 야무지게 진열할 수 있는 넉넉한 수납장. 마지막으로 매트리스가 아닌 진짜 침대.

"그래, 이정도면 매우 훌륭해. 호텔 부럽지 않아. 더 바라면 도둑놈이다."

주문덕분인지 조금씩 새 방이 따스하고 아늑해 보였다. 이것이 바로 긍정의 힘인지 아니면 살려고 아등바등 합리화 하는 건지는 모를 일이었다.

선생님의 자격

ABC

어제 저녁부터 비가 내리기 시작하더니 아침까지 그칠 생각이 없었다. 오늘은 조금 더 일찍 집을 나서야했다. 비에 젖은 들판의 수풀들은 잔뜩 숨이 죽었고 땅은 진흙투성이로 변해버렸다. 이런 상태라면 학교까지 가는데 시간이 더 걸릴 수밖에 없었다. 결국 진흙을 피해 오느라 십분이나 지각을 했다. 급하게 교실로 들어갔는데 박카리나와 세바스티안 딸랑 두 명뿐이었다. 다른 아이들이 나처럼 지각을 한건지, 아니면 아예 결석을 하는 건지 알 수 없었다.

콜라다 시간이 지나서야 존케빈과 에릭이 도착했다. 아무래도 다른 아이들은 오지 않을 것 같았다. 하는 수 없이 네 명의 아이들을 데리고 퍼즐 맞추기와 숫자모양의 그림을 색칠했다. 점심시간이 가까워져서야 비가 멈췄다. 구름에 가려졌던 해가 고개를 들면서 으스스 하던 공기도 점점 따뜻해졌다. 하지만 숙소로 돌아가는 길은 여전히 질편거렸다. 나는 진흙이 튈까 조심스럽게 발걸음을 내디뎌야했다.

점심시간에 아이들에게 ABC 노래를 불러주었다. 아이들은 두 눈을 바라보며 열심히 따라 불렀다. 나는 아이들에게 영어를 가르치고 있었고 아이들 또한 내게 가르침을 주었다. 한마디로 아이들은 내게 살아있는 스페인어를 가르쳐주는 꼬마 선생님들이었다.

"이건 뭐지?"

"이건 타차(컵)예요. 저건 쿠차라(수저)구요."

"이 수프는 무슨 색이지?"

"선생님, 이건 하얀 색이에요. 그건 노란색이구요."

"오늘이 무슨 요일이지?"

"오늘은 수요일입니다."

"그럼 내일은?"

"내일은 목요일이죠."

"선생님, 그럼 이건 뭐라고 부르는 줄 아세요?"

"당연하지. 쉽네. 이건 아로스(쌀)잖아."

내 주위에 앉아 밥을 먹고 있던 아이들이 웃기 시작했다.

"아로오스 예요."

"그래. 아로스."

"아니요. 그게 아니라 '아로오스' 이렇게 해야 해요."

주변 아이들 모두 '아로오스'를 중얼거리는데 나는 도무지 아이들과 같은 발음이 나오질 않았다. '로'자에서 혀끝을 말아 떨림을 강하게 줘야하는데 나에겐 가장 어려운 발음이 바로 이 'RR' 발음이었다. 스페인어는 비교적 쉬운 언어라고 하는데 나에겐 배우면 배울수록 어려운 언어가 아닌가 싶다.

　　도서관에서 다니엘라를 기다렸다. 소피는 메인 컴퓨터에 앉아 인터넷을 사용하는 사람들에게 이용료를 받고 있었다. 그때 한 남학생이 들어왔다. 그 학생은 스테판을 찾고 있었다. 하지만 오늘 스테판은 당번이 아니었다.

　　"숙제를 해야 하는데 좀 도와줄 수 있을까요?"

　　이렇게 나는 스테판 대신 카를로스의 숙제를 봐주기로 했다. 카를로스는 살라사카에서 30분 정도 떨어진 암바토에서 대학을 다니는 영문과 학생이었다. 영어가 전공이라서 그런지 그의 영어는 꽤나 유창했다. 어휘력도 풍부하고 표현력도 좋았다. 기본적으로 그와 의사소통을 하는데 있어서 크게 불편함이 없을 정도였다. 그가 내게 도움을 요청한 '숙제'는 전공수업 시간에 나눠주는 유인물의 정답을 채워 넣는 거였다. 나도 아직 대학생의 신분인지라 같은 대학생의 숙제를 봐주는 게 괜히 이상했다. 하지만 이곳에서 나는 대학생이 아니라 영어 선생님이었다. 카를로스의 영어실력이 훌륭하긴 하나 그래도 내가 훨씬 낫다고 생각했다. 분명 도와줄 수 있을 것 같았다.

카를로스가 건넨 유인물의 문제를 풀기 시작했다. 그런데 처음부터 막혔다. 문제를 읽고 또 읽어도 어찌된 게 답을 알 수 없었다. 어휘가 어려워서 문제 자체를 이해하기도 벅찼다. 우선 어휘만 좀 해결해도 가능할 것 같았다. 그러려면 사전이 필요했다. 하지만 영어사전을 펼쳐놓기에는 자존심이 상했다.

'아, 괜히 내가 맡는다고 했어. 그냥 소피한테 하라고 할 걸.'

아무래도 무리였다. 나는 하는 수 없이 소피에게 유인물을 넘겨주고 그녀의 답을 기다렸다. 하지만 소피도 답을 찾지 못했다.

결국 한 시간 만에 둘 다 기권을 하고 말았다. 물론 표면상으로는 시간이 부족해 더 도와주지 못한다는 듯 포장했다. 죽어도 모르겠다는 말은 할 수 없었다.

"음……. 혹시 이거 내일까지 해야 하니?"

"아니요. 내일 모레까지만 하면 되요."

"아, 그래? 다행이다. 그럼 오늘은 이만 정리하고 내일 다시 올래? 오늘은 내가 시간이 없어서 말이야."

대단한 핑계였다. 다행히 카를로스는 내일 같은 시간에 다시 오기로 하고 도서관을 떠났다. 나는 안도의 한숨을 쉬었다. 내일은 내가 도서관 당번을 서지 않는 날이었다. 카를로스가 내일 도서관을 찾아와도 내가 그의 숙제를 도와줄 필요가 없다. 나대신 누군가가 대신 도와줄 것이다. 다분히 의도적이고 계산된 행동이었다.

저녁식사 시간에 나는 카를로스 얘기를 꺼냈다.

"그래서, 네가 숙제를 봐준 거야? 어땠어?"

스테판이 물었다. 나는 솔직하게 털어놓았다. 너무 어려워서 도저히 손을 댈 수 없었다고. 그리고 '아무래도 나는 누굴 가르칠 자격이 되질 않는 것 같다고' 말하고 싶었지만 그 말은 차마 꺼내지 못했다.

내 얘기를 듣던 스테판이 나에게 웃으며 말했다.

"그렇지? 처음엔 나도 깜짝 놀랐어. 생전 들어보지 못한 영어단어들까지 있었다니까. 그냥 어려운 게 아니라 과제 자체가 뭔가 애매해서 정확히 답을 알려주기도 참 그래. 카를로스가 가져오는 문제는 언제나 까다롭다고. 그건 다른 봉사자들도 마찬가지야."

그 말이 사실인지 아니면 스테판이 단지 내게 용기를 주려 하는 말인지는 알 수 없었지만 내가 누군가를 가르칠 자격이 있는지에 대해서는 여전히 의문스러웠다.

국수 비빔밥

시내 근처에 사는 유치부 박카리나를 집에 데려다주고 숙소로 돌아가는 길이었다. 엘리자베스가 함께 저녁을 먹자며 내 손을 잡았다.

가족과 친척들이 바로 진척에 있지만 그녀는 집을 따로 얻어 살고 있었다. 때문에 그녀는 집에서 따로 요리를 하지도 저녁을 챙겨먹지도 않는다고 했다. 학교에서 먹는 점심이 그녀에겐 저녁 겸이었고 배가 고플 때는 간단한 쿠키나 빵 같은 간식을 먹는다고 했다. 또 혼자 빵조각으로 때울 그녀가 안쓰러워 그녀의 집으로 향했다.

"뭐 먹고 싶어? 파스타 괜찮아?"

그녀의 집에는 부엌도 화장실도 없었다. 침대 방 옆에 휴대용 너너 하나가 놓여있을 뿐이었다. 그녀는 조그마한 냄비에 물을 얹고 조그마한 찬장에서 무언가를 꺼내 바쁘게 움직였다. 그녀가 저녁을 준비하는 동안 나는 텔레비전을 켰다.

이불을 덮고 침대에 누워 제일 편한 자세로 텔레비전을 시청했다. 이십분이 지났을까? 엘리자베스가 접시 하나를 들고 방으로 들어왔다. 그녀가 내게 내민 접시에는 잘 삶아진 하얀 국수가 수북이 담겨있었다. 조그마한 옥수수도 있었다. 그녀의 집 마당에서 직접 키운 옥수수였다. 직접 재배한거라 옥수수가 알이 굉장히 작고 뾰족했다. 맛을 보니 껍질이 얇고 알이 크지도 않아 탱글함은 없었지만 대신 부드럽고 고소했다.

나는 그녀가 국수를 비벼먹을 소스를 건네주길 기다렸다. 하지만 그런 건 없었다. 그녀가 소스 없이 그냥 국수를 먹기 시작하면서 살짝 당황했지만 나 역시 아무렇지 않은 척 국수를 먹기 시작했다. 그저 물에 삶기만 한 국수를 도대체 무슨 맛으로 먹을까 싶었는데 소금간만 살짝된 면은 생각보다 맛이 좋았다.

그녀가 파스타라고 표현한 국수는 중국식 계란 면이었다. 다른 때 같으면 후루룩 면을 씹을 새도 없이 목구멍으로 넘길 텐데 이번엔 면발 한 가닥 한 가닥 면발 자체의 촉감과 맛을 느끼며 먹기 시작했다. 원시적인 모양과 맛이긴 하지만 아무것도 넣지 않은 그대로의 면발을 먹어보니 진한 양념 맛에서는 느낄 수 없는 담백함이 있었다. 밀가루 풋내와 달걀노른자의 고소함까지 모두 느껴졌다. 처음에만 당황했지 결국 나는 두 그릇을 먹었다. 걱정하던 엘리자베스도 안심한 표정이었다.

사실 학교급식을 먹을 때 역시 당황스러움의 연속이었다. 학교에서 급식으로 먹는 점심메뉴는 크게 두 가지로 나뉘었다. 스프 혹은 밥이었다. 오늘 스프가 나오면 내일은 밥이 나오고 그 다음은 다시 스프, 밥, 스프, 밥 이렇게 격일로 바뀌었다. 매일 아침 로버트는 쌀 혹은 파스타를 구입해 주방 일을 책임지는 마르타에게 넘겨주었다. 쌀과 파스타 외 들어가는 대부분의 야채는 학교에서 키우는 텃밭에서 가져왔다. 들어가는 야채는 항상 감자, 토마토, 양파, 당근 이렇게 네 가지 채소였다. 가끔은 옥수수를 넣어주기도 했다.

한번은 부엌에서 점심으로 스프 만드는 모습을 보게 되었다. 학생과 선생님까지 합해 50인분에 가까운 양을 끓여야하는데 고작 감자 다섯 개와 양파 두개 당근 두개가 전부였다. '에게게' 란 말이 절로 나왔다. 그 많은 사람들이 먹을 음식에 고작 야채 몇 개였다. 그리고는 밀가루를 잔뜩 풀어 점성을 맞추고 소금을 아주 듬뿍 넣어줬다. 도저히 입맛이 돌지 않는 하얀 밀가루 스프였다. 하지만 아이들은 너무나 맛있게 먹었다. 다른 봉사자들도 마찬가지였다. 아무 문제가 없어보였다.

메뉴가 밥일 때도 마찬가지였다. 밥과 곁들여 나오는 반찬으로 국수를 얹어줬다. 퉁퉁 불 정도로 푹 삶은 면을 토마토와 양파 몇 개에 버무려 밥 위에 얹어주면 그것이 밥반찬이었다. 밥이면 밥이고 국수면 국수지 국수를 반찬으로 밥을 먹는다는 건 상상할 수 없었다. 그런데 이곳에선 이상할 게 없었다. 거의 무(無)맛에 가까운 불은 면발을 밥과 함께 비벼먹다니 이건 고문이 따로 없었다. 하지만 이 역시 아이들은 불평 한 마디 없이 너무나도 맛있게 먹었다.

'그래도 그렇지. 밥이랑 국수라니 밥에다 빵을 올려 먹는 거랑 뭐가 달라. 이게 말이나 되는 거야?'

가끔씩은 밥에 토마토와 양상추를 섞은 샐러드를 올려주었다. 밥에 샐러드를 얹어 먹는다니 이건 뭐 발상의 전환이라고 해야 할지 모를 만큼 기가 막혔다. 하지만 이곳에서는 뭐든 가능했다.

나는 더 이상 불평하지 않기로 했다. 불평해봤자 달라지는 건 없었다. 나만 괴로울 뿐이었다. 그렇다면 식단이 바뀌길 기다릴게 아니라 내 입맛을 식단에 맞추는 수밖에 없었다. 일종의 생존방식이었다.

밥과 국수를 비벼먹는 국수비빔밥은 더 이상 내게 이상한 조합이 아니었다. 국수와 밥을 동시에 먹을 수 있는 일석이조 메뉴인데다 그 맛이 담백하기까지 했다. 샐러드를 얹어 먹는 밥 또한 맹숭맹숭한 그 맛이 매력적이었다. 찰기 없는 밥도 마찬가지였다. 쫀득한 맛은 덜 하지만 입안에 달라붙지 않고 마치 초밥을 먹는 듯 밥알이 제각각 퍼지는 느낌이었다. 자극적인 반찬대신 밍숭한 국수나 샐러드와 함께 먹어서 그런지 밥맛이 더 잘 느껴졌다. 도저히 좋아지지 않을 것 같던 이곳에서의 끼니가 매번 꿀맛으로 느껴지기 시작했다. 나는 조금씩 배우고 또 익숙해지고 있었다. 단지 언어나 음식을 배우는 게 아니었다. 바로 이곳의 삶의 방식이었다.

크리스마스에 먹는 쥐고기

학교 급식실 부엌에서 학생들의 어머니들이 분주히 음식준비를 하고 있었다. 바닥에 의자를 깔고 앉아 양파와 당근 껍질을 벗기기도 하고 감자를 작게 자르기도 하였다. 아궁이에 불을 피우며 밥을 짓는 어머니도 있었다.

"쥐라고요?"

아궁이 옆에 놓인 커다란 냄비를 열어보다 깜짝 놀라고 말았다. 그 안에는 이미 손질이 끝난 듯 뽀얀 속살이 드러난 여러 마리의 쥐들이 쌓여있었다. 물론 우리가 일반적으로 알고 있는 일반 쥐는 아니었다. 애완용으로 많이 기르는 기니피그였다. 손질된 기니피그들이 산처럼 쌓여갔다. 씨감자가 놓인 부엌 개수대 밑에는 살아있는 기니피그 두 마리가 구석에서 덜덜 떨고 있었다.

'꾸이' 요리는 마을 축제나 중요한 가족 행사 때나 먹는 고급음식이었다. 그래서 크리스마스 축제를 위해 각 가정마다 한마리씩 기니피그를 가져온 것이다. 족히 30마리쯤 되었다.

"이번엔 다행히 죽은 놈들이군."

스테판과 제라드 그리고 프란시스코는 지난 축제에서 살아있는 기니피그를 잡아 목을 비틀어 죽이고 털과 가죽을 벗겨 손질해 요리까지 한 경험자들이었다.

"어우, 말도 마. 정말 볼만했다니까."

분명 어디 가서도 해볼 수 없는 아주 특별한 경험이었지만 다시 하고 싶은 경험은 아니라고 얘기했다. 특히 기니피그들의 목을 비틀어야 하는 부분은 최악이었다며 상상도 하기 싫단 표정들이었다.

"그 우두둑 뼈가 부서지는 소리를 내 손을 통해 들을 때의 그 꺼림칙함은 말이지……"

표정을 보니 적어도 이번엔 살육의 현장을 마주하진 않아도 된다는 게 안심 되었다. 그런데 나는 곧 피하고 싶던 그 현장을 두 눈으로 목격하고 말았다. 학교 교감 후안이 살아있는 기니피그 한 마리를 붙잡고 목을 비틀고 있었다. 기니피그는 끽 소리 한번 내지 못했다. 더 끔찍한 건 그 다음이었다. 죽은 줄 알았던 그 기니피그를 끓는 물에 넣자 소리를 내지르며 뛰쳐나온 것이다. 부엌 안에 있던 사람들 모두 웃음을 터뜨렸지만 나는 경악을 금치 못했다. 결국 후안은 칼로 기니피그의 숨통을 끊은 뒤 끓는 물에 다시 집어넣었다.

털을 제거하고 깨끗하게 손질된 기니피그는 겉과 안에 특별한 소스를 발라야 했다. 그 소스는 카레와 양파냄새가 나는 꽹상히 묽은 소스였다. 한 어머니가 배추에 김치 양념을 바르듯 능숙한 손놀림으로 소스를 발랐다. 다른 준비는 필요 없이 이제 굽기만 하면 되었다.

조그마한 운동장으로 가기 전 언덕 언저리에는 움푹 파인 1미터 가량의 구멍이 있었다. 돌멩이들이 구멍 주변을 감싸있었고 구멍 안은 나무 잿덩이들이 가득했다. 이곳에서 불을 때워 기니피그를 구워야했다. 사람들이 바로 옆 숲에서 땔감이 될 만한 나무를 모아오기 시작했다. 아이들도 봉사자들도 모두 쓸 만한 나뭇가지와 조금의 종이쓰레기를 모았다. 남자들이 한쪽에서 나무에 불을 지필동안 여자들은 양념이 베인 기니피그를 한 마리씩 두꺼운 대나무 막대에 꽂았다. 몸통을 막대 끝에 끼우고 대나무 줄기로 몸통을 고정시켰다. 석쇠 판이 달랑 하나라 다섯 마리의 기니피그를 석쇠에 올려놓고 대나무 통에 꽂은 기니피그는 땅에 걸쳐 서서히 구워지게 했다. 처음엔 잠잠했던 불이 제대로 타기 시작하면서 쾌쾌한 연기가 나기 시작했다. 기니피그가 완전히 구워지기까지는 꽤나 오랜 시간이 걸릴 듯 했다. 그 사이 축제의 서막을 알리는 아이들의 퍼레이드가 시작되었다.

안토니오의 딸이자 최고 학년 반 학생 아리나가 학교 피켓을 들고 앞장섰다. 그 뒤로 같은 반 학생들이 에콰도르와 살라사카의 자치주 투룽가와 기를 들고 뒤를 따랐다. 그 뒤로는 전교생이 줄을 지어 입장했다. 유치부 꼬맹이들은 가장 마지막이었다. 그 다음은 국가와 교가 합창이었다. 아이들이 교가를 부르는 동안 봉사자들 사이에서 웃음소리가 새어나왔다. 나중에 물어보니 이 교가는 얼마 전 이곳을 다녀간 한 봉사자가 직접 만든 노래였다.

"맙소사, 이렇게 형편없는 노래를 교가로 쓰다니."

그 가사내용이 우스꽝스러워 도저히 웃음을 참을 수 없었다고 했다.

퍼레이드가 끝난 후 운동장 주위로 가져다놓은 의자에 모두 둘러앉았다. 정부에서 파견 나온 새 유치부 선생님 도밍고와 엘리자베스의 사회로 본격적인 축제가 시작되었다.

인형극이 시작되었다. 풍선으로 얼굴을 만들고 페트병으론 몸통을 만들어 자투리 천조각 옷을 입힌 인형들이었다. 어제 자정까지 함께 만든 거였다. 털실로 머리카락을 붙이고 사인펜으로 눈코 입을 그려 넣은 탓에 볼품없는 모양이었지만 아이들은 눈을 떼지 못하고 연극에 빠져들었다. 페트병으로 만들다 실패해 노란 부직포에 그리고 색칠한 당나귀는 아이들에게 가장 인기가 많았다.

오랫동안 연습한 유치부 아이들의 캐럴 공연도 잘 끝났다. 비록 아이들의 목소리보다 카세트 노랫소리가 더 커서 아이들의 목소리가 잘 들리진 않았지만 북과 캐스터네츠, 탬버린 등을 들고 모두 흥겹게 연주를 했다. 내가 만든 토끼귀모양 머리띠는 그 두 귀가 밖으로 휘어져버려 토끼가 아니라 축 늘어진 강아지 귀처럼 보였지만 꼬마아이들에겐 더 없이 귀여운 모자가 되었다.

어느새 점심시간이 되어 모두 급식실로 모여들었다. 공연이 진행되는 동안 분주히 음식을 준비한 어머니들 덕에 큰 솥에 잔치음식들이 완성되어있었다. 오늘의 하이라이트인 기니피그 요리 꾸이는 진한 갈색으로 바짝 구워져 있었다.

"얼른 먹어봐."

"너 먼저 먹어봐."

"난 도저히 못 먹겠어."

소피는 먼저 먹지 못하고 자꾸 나에게 먼저 먹어보길 권했다. 엄지와 집게손가락으로 다리부분을 집어 올려 우선 냄새부터 맡았다. 살짝 누린내가 났다. 잠시 망설이다 수달처럼 앞니를 가다듬고 살을 베어 물었다. 살점이라고 할 게 거의 없었다. 그리고 근육부분을 씹어 그런지 굉장히 질겼다. 맛은 꼭 어린 닭고기 맛이었다. 생각보다 맛은 괜찮았지만 아까 현장을 목격한터라 제대로 먹을 수가 없었다. 결국 쌀밥과 감자 그리고 샐러드로 허기를 채워야했다.

꾸이와 함께 한 그릇씩 인심 좋게 담아준 따뜻한 수프에는 우리나라 곱창 같은 내장들이 가득 들어있었다. 이곳에서도 소와 돼지 내장으로 탕을 끓여 먹는 것 같았다. 설렁탕처럼 뽀얀 국물을 한 숟갈 후르르 떠먹는데 내장 잡내가 너무 심해서 도저히 먹을 수 없었다. 마을주민들은 맛있게 먹는걸 보니 나도 먹어야 할 것 같았지만 그 누린내가 정말 지독했다. 다른 봉사자들은 아예 음식 가까이에도 오지 않았다.

부엌에서는 여전히 무언가를 만들고 있었다. 크리스마스에 먹는 특별 간식 '부뉴엘로 Buñuelo'였다. 밀가루 반죽을 아주 질게 해서 한 수저씩 반죽을 튀겨낸 튀김 도넛이었다. 수저로 대충 뚝뚝 넣는 탓에 제대로 된 모양 없이 볼품없지만 쫄깃쫄깃한 식감이 살아있었다. 가장 맛있게 먹는 방법은 튀기자마자 뜨거울 때 사탕수수시럽을 뿌려 먹는 거였는데 시중 튀김도넛과는 다르게 담백하고 고소한 맛이 일품이었다.

3반의 케빈은 하늘색 플라스틱 양동이와 짙은 갈색의 도기그릇을 들고 사람들이 앉아있는 담을 중심으로 돌아다녔다. 한명 한명에게 옥수로 만든 걸쭉한 음료와 모테를 나눠주었다. 이곳에서 축제 때 마시는 전통음료였는데 꼭 우리나라 막걸리와 색이 비슷했다. 옥수수로 만들어 알갱이가 씹히고 아주 달콤하고 걸쭉했다. 모테는 축제에 있어 절대 빠지지 않는 음식이었다. 우리가 아는 옥수수보다 알갱이가 두세 배쯤 크고 하얀빛깔이 도는 옥수수 알이었다. 마치 강냉이를 먹듯 간식으로 자주 먹는 음식이었다. 옥수수에는 소금만 살짝 뿌려 달콤하지도 않고 별다른 맛이 나진 않지만 알갱이가 워낙 커서 씹는 맛이 좋았다.

오후에는 2반 3반의 합동공연이 있었다. 여자아이들과 남자아이들이 나란히 줄을 서 전통 노래에 맞춰 전통 춤을 추었다. 모두 아이보리색의 챙이 넓

고 딱딱한 모자를 쓰고 있었다. 남자아이들은 빨간 스카프를 목에 두른 상태로 앞뒤로 스텝을 밟고 제자리에서 빙그르 돌며 춤을 추었다. 여자아이들은 손에 빨간 손수건을 들고 흔들며 사뿐사뿐 나비마냥 춤을 추었다. 서로 눈치를 보며 앞사람 옆 사람의 동작을 따라하느라 정신이 없었지만 어설픈 춤동작들도 꽤나 근사해보였다.

"도대체 뭘 하는 거야?"
옆에 앉은 제라드에게 물었다.
"이곳에서 전통적으로 내려오는 전통의식을 재현하는 거야."
샤머니즘을 바탕으로 이곳 전통의식을 재연하는 자리였다. 돌이 깔린 부분에는 의식을 위한 준비로 한창이었다. 살짝 말린 꽃잎들과 톱밥이 주변에 둥글게 뿌려져있었다. 그 가운데는 어린아이 머리만한 큰 돌들이 세네 개 올려져 있었고 또 그 가운데에는 하얀 연기가 모락모락 피어나는 향이 피워져 있었다. 이번 전통의식을 재현하기 위해 2반의 프란체스카와 그녀의 아버지가 복장을 갖춰 입고 준비 중이었다. 인디언처럼 깃털이 달린 머리띠를 하고 얼굴엔 색깔 물감을 묻히고 목에는 여러 줄의 목걸이를 걸고 있었다. 모두들 학교의 낮은 돌담에 앉아 이 모습을 지켜보았다.

프란체스카는 조금 떨어진 곳에 서 있고 그녀의 아버지는 돌이 모여 있는 곳에 무릎을 꿇고 두 손을 모으고 기도를 올리는 모습을 볼 수 있었다. 한참 후에는 전 학생들을 불러 동그랗게 원을 그려 세운 다음 다함께 합장을 한 채 기도를 올렸다. 그 후에는 스테판을 앞으로 불러 그를 대상으로 또 다른 의식을 시작했다. 그는 주술사의 요구에 따라 의자에 앉기도 하고 바닥에 눕기도 해야 했다. 그러면 주술사는 향을 들고 그의 몸 주변을 향으로 정화시키는

의식을 하고 '성스러운 풀'이라고 부르는 식물로 몸 구석구석을 훑기도 했다.
스테판은 조금 긴장한 모습이었다. 자신도 자신이 무엇을 하고 있는지 이것
이 정확히 무엇을 위한 것인지 알지 못하는 듯 했다. 다른 봉사자들도 마찬가
지였다. 이런 의식은 다들 처음 보는 거 같았다. 호기심 어린 눈으로 스테판과
주술사를 바라보면서 갸우뚱 했다.

"자, 발을 펴보세요."

갑자기 주술사가 의자에 앉아있는 스테판의 발에 물을 내뿜었다. 신성
한 의식인건 알지만 나를 포함한 봉사자들은 웃음을 참기 힘들었다.

축제가 진행될수록 더 많은 사람들이 학교로 찾아왔다. 그들은 뒤늦게

도착한 학부모이기도 했고 그냥 구경하러온 동네주민들이기도 했다. 특별한 공연을 하지 않아도 그들은 잔디밭에 빙 둘러앉아 모테를 먹고 옥수수 음료를 나눠마셨다. 학교는 아이들의 웃음소리와 마을 주민들의 수다로 활기가 넘쳤다. 조용한 마을이 들썩이는 축제의 한마당이었다.

나 홀로 크리스마스

크리스마스 아침, 나는 홀로 바뇨스로 향했다. 마을 사람들 사이에서 축제를 즐기며 떠들썩한 이브를 보내고 나니 이번 크리스마스만큼은 조용히 보내고 싶었다. 젬마는 예정대로 쿠엔카로 떠났고 키토에 가겠다던 소피를 비롯한 다른 봉사자들은 모두 살라사카에 남아 함께 크리스마스 파티를 하기로 했다. 함께 하자는 친구들에게 나는 거짓말을 둘러댔다.

"미안, 내 한국친구들이 지금 바뇨스에 와 있어. 나는 그들과 함께 바뇨스에서 크리스마스를 보낼 거야."

여기에 남아 봉사자 친구들과 함께 크리스마스를 보내는 것도 재미있을 것 같았다. 우리는 달콤한 크리스마스 케이크를 만들 것이고 각국의 음식을 함께 만들어 먹으며 크리스마스를 축하할거다. 함께 술을 마실 거고 게임을 하고 영화도 볼 것이다. 하지만 나는 혼자 있고 싶었다. 사람들과 흥겨움에 취한 크리스마스보다 단순히 조용한 휴일이 필요했다.

"잘됐네. 그럼 네 친구들을 이곳으로 초대하면 되잖아. 파티라는 게 사람이 많을수록 더 흥겨운 법이거든. 꼭 데리고 와. 우리 다 함께 재미있는 크리스마스 파티를 해보자." 친구들 모두 나를 바라보고 있었다. 소피도 단짝인 내가 함께 이곳에서 크리스마스를 보냈으면 하는 눈치였다.

"음, 그거 참 좋지. 근데 잘 모르겠어. 우선 내 친구들한테 말은 해볼게."

그렇게 혼자 바뇨스에 왔다. 바뇨스는 누구나 좋아할 수밖에 없는 에콰도르의 인기 만점 휴양지였다. 봉사자들은 주말만 되면 바뇨스로 놀러가기 바빴고 젬마는 평일에도 수업만 끝나면 짬을 내서 몇 시간 놀러 갔다 오곤 했다. 바뇨스는 살라사카 시내에서 50센트짜리 버스를 타고 40분정도 걸리는 곳이었다. 비교적 가까운 거리지만 분위기는 살라사카와 완전히 다른 곳이었다. 언제나 맑은 하늘은 기본이고 햇빛이 쏟아질 듯 따뜻했다. 살라사카와 크게 떨어지지도 않았지만 마치 다른 계절을 품고 있는 듯 기온차가 심했다.

카페를 나와 무작정 걷기 시작했다. 거리엔 사람들이 가득하고 활기가 넘쳤다. 가족단위의 사람들과 외국인들이 무척 많았다. 멋스럽게 꾸며진 예쁜 카페와 레스토랑에는 대부분 외국인들로 가득했다. 에콰도르의 수도 키토 신시가지에서도 느꼈던 느낌이었다. 이때는 나도 이들 사이에 껴서 키토를 구경하는 외국인 관광객 이었다. 하지만 살라사카에 오래 있다 보니 바뇨스라는 장소가 주는 이런 관광지 느낌이 낯설게만 느껴졌다.

바뇨스에 사는 주민들은 살라사카 주민과는 전혀 달랐다. 같은 에콰도르 사람인데 어떻게 이리 다를까 싶었다. 살라사카 매일 살라사카 전통복을 입은 사람만 보다가 나처럼 평상복을 입은 현지인을 보니 괜히 이상했다. 더군다나 화려한 헤어스타일과 패션, 다소 밝은 피부색까지 낯설었다.

마음만 먹으면 몇 시간 안에 전부 둘러볼 수 있을 만큼 작은 마을이지만 이토록 외국인 관광객들이 많은 이유는 온천을 즐길 수 있다는 것과 다양한 레저 스포츠를 즐길 수 있기 때문이었다. 외국인들이 선호하는 유명 관광지답게 도시는 제대로 상업화 되어있었다.

　모처럼만에 휴식이었지만 나는 오히려 갈피를 잡지 못하고 헤맸다. 이렇게 사람 많고 밝은 곳에 오니 혼자라는 사실이 그리 즐겁지 않다는 사실을 깨달았다. 혼자만의 시간을 외치며 친구들에게 거짓말까지 했것만 혼자 보내는 크리스마스는 내가 생각 한 것만큼 즐겁지도 멋있지도 않았다. 생각해보니 크리스마스를 외국에서 보내는 것도 처음이지만 누군가와 함께가 아닌 혼자 보내는 것도 처음이었다. 늘 함께 있어 혼자이고 싶었던 내 배부른 투정은 이렇게 금방 후회가 되어버렸다. 결국 나는 살라사카 마을에서 열리는 크리스마스 축제를 구경하기로 했다.

　역시나 무대 위엔 밴드, 무대 아래엔 술 취한 사람들, 살라사카에서 열리는 축제의 모습은 한결같았다. 우리가 '축제'라는 단어를 떠올렸을 때 흔히 생각하는 화려한 무대매너도 세련된 음악도 그렇다고 신나는 볼거리도 없다. 초대 가수? 당연히 없다. 심지어 시작 시간 폐막 시간 이런 것도 없다. 제대로 순서가 있는 것도 아니고 무대 위에서도 우왕좌왕 엉망진창 난리법석일 뿐이었다. 구경하는 사람들 역시 마찬가지다. 한 부류는 음악이 있건 말건 항상 만취상태이고 다른 한쪽은 무엇을 보고 듣든 간에 무표정이다. 심지어 화난 것처럼 보이기도 한다. 하지만 한번 자리를 잡으면 끝까지 움직이질 않는다. 지루하다고 자리를 뜨지도 않는다. 그저 손끝하나 움직이지 않고 그대로 멈춰 무대만 바라보고 있다. 더 이상 나에겐 새롭지 않은 광경이었다. 세련된 캐럴이 흐르고 휘황찬란한 불빛으로 화려한 바뇨스보다 이젠 이렇게 뒤죽박죽 정돈

되지 않은 투박함이 더 좋다.

크리스마스의 특별함을 연출하고 싶었던 걸까? 이번 축제에는 초대 손님이 등장했다. 바로 투우였다. 너른 흙길 안쪽에 나무울타리를 만들어 준비한 투우 무대에 소가 등장했다. 배 아랫부분과 얼굴부분에 흰 얼룩이 있는 검은 소였다. 수많은 사람들에게 둘러싸인 소는 등장과 함께 이내 흥분하기 시작했다. 멋진 유니폼을 차려입고 빨간 깃발을 펄럭이는 투우사는 당연히 없었다. 대신 울타리 너머에서 구경하던 마을 청년들이 울타리 안으로 난입해 소를 향해 소리를 지르고 물건을 던지며 소를 흥분시키기 위해 애를 썼다. 정작 소는 태평한데 그 주위를 둘러싼 사람들이 이마에 핏대를 서며 흥분해 있었다. 마치 소가 아니라 사람을 구경해야 할 것 같았다.

무대에는 여전히 같은 밴드가 연주를 하고 있었다. 만취한 사람들 역시 같은 춤사위로 느릿느릿 음악을 즐기고 있었다. 동네 구멍가게에서 과자를 사먹으며 구경하는데 엘리자베스를 만났고 어느새 나는 바로 무대 아래에서 춤을 추고 있었다. 이제는 만취한 사람들뿐 아니라 나처럼 정신 멀쩡한 사람들 모두 무대 아래에서 축제를 즐기고 있었다. 이곳에서 춤을 출 때는 항상 남자 여자가 짝을 지어 커플로 추는데 나는 엘리자베스의 친구라는 한 남자와 춤을 췄다.

이곳의 커플댄스는 참 간단했다. 같이 양손을 부여잡고 오른쪽 왼쪽으로 스텝을 밟다가 한 번씩 회전만 해주면 되었다. 마치 환갑잔치의 노부부가 관절염을 걱정하며 사뿐히 춤을 추는 것 같았다. 춤을 추면서 그가 계속 귓속말로 속삭였지만 시끄러워서 도무지 알아들을 수가 없었다, 는건 어디까지나 핑계고 그냥 알아들을 수 없었다.

"씨, 씨"

나는 그냥 웃으며 대충 고개를 끄덕였다. 알았다는 긍정의 뜻이었다. 그러자 그의 표정이 갑자기 굳어졌다. 아차, 대답을 잘못했구나 싶었다. 하지만 별 수 없었다. 변명이나 사과를 하려해도 무슨 내용인지는 알아야 할 것 아닌가. 옆에서 다른 남자와 춤을 추는 엘리자베스는 잔뜩 신이 나 있었다. 춤추고 싶다고 노래를 부르더니 아주 물 만난 물고기였다. 좋아하는 엘리자베스를 보니 오늘은 꼭 참고 있어야겠다고 생각했다. 그래서 똥 씹은 표정의 내 파트너의 얼굴을 마주하고도 나는 그와 계속 춤을 췄다.

내게 호의적이지 않은 사람과 손을 맞잡고 한 시간 동안 춤을 추는 일은 결코 쉽지 않다. 그 이유를 모른다면 더더욱 그렇다. 나는 그가 차라리 버럭 화를 내고 춤을 중단해줬으면 좋겠다고 생각했다. 하지만 그는 결코 멈추지 않았다. 어쩌면 불편한 내 마음을 알고 그만의 방식으로 나에게 벌을 주고 있는지도 몰랐다. 그렇다면 그의 복수는 성공이었다. 나는 그 어느 때보다도 불편한 마음으로 불편한 춤을 추고 있었다.

우리의 춤을 멈춘 건 내가 아니라 그녀의 동생 알렉스였다. 엘리자베스의 친구 중 한명이 다급히 다가와 말했다.

"엘리자베스, 큰일 났어. 네 동생이……"

놀라서 뛰어 가보니 싸움이 벌어지고 있었다. 그 싸움의 주인공 중 한명이 그녀의 동생 알렉스였다. 알렉스는 제 몸을 잘 가누지도 못 할 만큼 잔뜩 취해있었고 화를 삭이지 못해 고래고래 소리를 지르고 있었다. 그곳엔 커플로 보이는 한 남자와 여자가 있었다. 알렉스는 그 남자와 여자에게 소리를 지르고 그 여자는 알렉스에게 다가가 붙잡으려하고 알렉스는 그 여자의 팔을 뿌리치고 있었다. 대충 보니 그 여자는 알렉스의 여자 친구쯤 되는 것 같고 다른 남자와 바람을 피우다 들킨 것 같았다. 이건 절대적으로 내 관점에서 추측한 이

야기였다. 내가 놀란 건 이 삼각관계가 아니라 수줍음 많고 조용했던 알렉스의 폭력적인 모습 때문이었다. 알렉스는 고작 15살의 어린소년이었다. 평소에는 수줍음도 많고 조용조용한 애가 도무지 제어가 불가능 할 정도로 술에 취해있었다. 엘리자베스의 힘으로는 잔뜩 화가 난 알렉스를 진정시킬 수 없었다. 그녀의 친구들이 모두 붙었지만 당해내질 못했다. 알렉스는 화를 주체하지 못해 날뛰고 있었고 우리가 할 수 있는 일은 아무것도 없었다. 큰일이 날까 팔을 붙잡고 있는데 알렉스는 자꾸만 뿌리치고 어딘가로 뛰어가려 했다. 내가 보기엔 이미 나사가 풀려버린 것 같았다. 알렉스는 고삐 풀린 망아지처럼 이리 저리 날뛰고 엘리자베스는 이도 저도 하지 못하고 발만 동동 굴렀다.

너무 갑작스러운 상황에 나도 당황했다.

살라사카에서는 앳된 학생들도 자유롭게 술을 마셔댔다. 별다른 제제가 없는 듯 했다. 문화가 다르니 내가 뭐라 말할 순 없지만 이곳의 개방적인 음주 문화가 청소년들에게 그리 좋게 작용하진 않는 듯 했다. 결국 알렉스는 어디론가 도망가 버렸다. 엘리자베스 대신 그녀의 친구들이 알렉스를 찾아 나섰다. 자연스럽게 우리의 크리스마스 축제는 끝이 나버렸다. 아쉽진 않았다. 사실 그 똥 씹은 표정의 남자와의 춤이 자연스럽게 끊겨서 다행이었다. 안 그랬음 밤새도록 춤을 춰야했을지 몰랐다.

엘리자베스와 함께 그녀의 집으로 돌아왔다. 자정이 가까운 시간이었지만 집안엔 아무도 없었다. 그녀의 여동생과 부모님 역시 축제를 즐기러 나간 모양이었다.

"먼저 자고 있어. 난 동생 좀 찾아가지고 올게. 알겠지?"

엘리자베스는 알렉스를 찾으러 다시 나가고 나는 그녀가 안내해준 침대에 누웠다. 같이 나갈까 생각 했지만 어차피 별 도움이 되진 않을 것 같았다. 결국 나는 주인 없는 집에서 혼자 곤히 잠이 들었다. 혼자이고 싶다던 크리스마스의 꿈을 이룬 셈이었다.

작년에 한 노상방뇨

새해를 맞을 준비로 가장 신난 이들은 어린 아이들이었다. 우리처럼 어른들에게 세배를 하고 세뱃돈을 받진 않지만 이곳 아이들은 다른 방법으로 짭짤한 수입을 올리고 있었다. 그 수입원은 바로 통행료였다. 아이들은 차가 다니는 도로가를 저마다의 방법으로 막아놓고는 통행료 명분의 돈을 받아냈다. 돈을 받고서야 다시 길을 내어주는 방식인데 그렇게 해서 받는 돈은 약간의 동전이었다. 서양에서 할로윈 덧이에 귀신복장을 하고 집집마다 돌아다니며 사탕과 초콜릿을 받는 것과 비슷했다. 문제는 동네 아이들이 한두 명도 아니고 100미터 간격으로 진을 치고 있으니 계속 차를 멈춰 세워야했다. 물론 주지 않아도 아이들은 결국 길을 내어줘야 하지만 사람들은 이날을 위해 미리 여분의 동전을 준비해놓고 아이들에게 동전을 쥐어줬다. 짜증 내지 않고 아주 기분 좋게 말이다.

이곳의 새해맞이는 정말 독특했다. 거리 곳곳에는 직접 만든 실물사이즈의 인형들이 눈에 띄었다. 우스꽝스러운 표정의 가면을 씌우고 진짜 옷과 모자 등으로 장신한 인형인데 가발을 씌운 것도 있었다. 이 인형들은 12시 정각이 되면 모두 불태운다고 했다. 지난해의 나쁜 액운을 불태워 없애고 새해를 맞기 위한 의식 중 하나였다. 그래서인지 인형들은 대부분 종이로 만들어졌다. 불태우기 위한 인형이지만 직접 만든 것들이라 꽤나 정성들인 작품들이 많았다. 태우기 아까울정도로 잘 만들어진 인형도 많았는데 에콰도르의 수도 키토에서는 이런 인형들을 모아 따로 경연대회를 열기도 한단다.

인형 말고 또 다른 볼거리는 여장남자였다. 주로 젊은 청년들이 과장스럽고 우스꽝스럽게 여자 분장을 하고 길거리로 나와 지나가는 차를 막아 세우고 앞에서 춤을 추고 인사를 하며 돈을 요구했다. 그 분장과 몸짓이 얼마나 웃기던지 나 역시 발걸음을 멈추고 한참동안이나 입을 벌린 채 그들을 쳐다봤다. 12월 31일은 스페인어로 '야뇨 비에호'라고 칭하는데 이는 늙은 남자를 뜻하는 말이기도 했다. 그해의 마지막 날은 그 늙은 남자가 죽는 날이기도 해서 그의 젊은 아내인 과부가 슬픈 척을 하며 사람들에게 돈을 받는다는 의미가 담겨있다고 했다. 이유가 무엇이든 분명 재미있는 볼거리였다.

지난번 크리스마스 축제 때 나와 춤을 췄던 그 남자가 또 다시 내게 춤을 청했다. 어쩌면 저번엔 내가 그의 표정을 오해한건지도 모르겠다.

시간이 갈수록 축제의 분위기는 점점 무르익어갔다. 내가 살라사카에 도착한 이래 가장 많은 사람들이 모였고 또 엄청난 사람들이 술에 취해 비틀거렸다. 이리저리 내게 술을 권하는 사람들이 너무 많았지만 이젠 혼자서도 그 많은 사람들을 웃으며 거절할 수 있었다.

살라사카의 최대 축제답게 거리 곳곳에서 학교 아이들을 많이 만났다. 또 학교 선생님인 루피노와 후안, 안토니오도 볼 수 있었다. 그야말로 살라사카의 온 주민이 자리한 것 같았다.

나는 엘리자베스네 가족들과 함께 다녔다. 그녀의 가족이라 하면 엄마, 아빠, 남동생, 여동생, 삼촌, 이모, 고모, 이모부, 고모부, 조카들까지 족히 십여 명이 넘었다. 나를 포함해 모두들 똑같은 전통복을 입고 있어 진짜 내 가족이고 친척 같은 느낌이 들었다.

우리는 함께 뭉쳐 다니며 길거리에서 간식을 사먹었다. 이곳의 길거리 간식은 주로 과일이었다. 그 중에서도 거대한 완두콩 모양의 과일이 내 눈을 사로잡았다. 마치 마법을 부려놓은 듯 아주 커다래서 '잭과 콩나무' 속에 나올 것만 같았다. 팔뚝만한 그 완두콩 모양의 껍질을 열어보면 연두색의 완두콩 대신 하얀 누에고치 모양의 과육 대여섯 개가 자리 잡고 있었다. 가족들 모두 그 누에고치 모양의 과육을 아주 좋아했다.

"이건 축제 때 많이 먹는 과일이야. 이렇게 껍질을 까서 나눠 먹는 건데 자, 너도 하나 먹어봐. 아주 맛이 좋아."

가족들 모두 내가 이 과일을 맛보길 기다리고 있었다.

나는 차마 손도 대지 못하고 그 정체모를 과일을 손가락으로 가리키며 가족들을 향해 외쳤다.

"이건 완전 양 같아" 양털 같아서 못 먹겠다는 말에 가족들은 웃음을 멈추지 못했다.

"그러고 보니 정말 양털 같네. 완전 양털이구먼. 양털"

나는 용기를 내어 그들이 건네주는 그 과일을 입에 넣었다. 지금까지 듣도 보도 못한 정말 새로운 맛이었다. 먹는 과일에 대한 표현으로는 적절치 않지만 입안에 닿는 촉감이 딱 벨벳옷감이었다. 분명 평범한 과일에서는 경험할 수 없는 요상한 촉감. 안에는 강낭콩모양의 씨가 있어서 겉에 둘러져있는 과육을 벗겨먹는 게 전부였다. 수분이 많아 과즙이 풍부한 것도 아니고 과육이 도톰하게 씹히는 것도 아니었다. 그런데도 자꾸 손이 갔다. 달콤하고 뽀송뽀송한 목화모양 솜사탕을 먹는 느낌이었다.

"안되겠어. 나 아무래도 화장실에 가야할 것 같아."

과일을 통한 과다 수분섭취로 조금씩 신호가 오기 시작했다. 엘리자베스에게 화장실을 물어봤지만 당장 여기서 갈 수 있는 화장실은 없었다. 엘리자베스 집으로 가자니 조금 걸어야하고 귀찮았다. 점점 신호는 다가오는데 방법이 없자 초조해지기 시작했다. 일어선 상태에서 자꾸 앉을 듯 말 듯한 자세로 다리를 꼬고 서있었다.

"펠리그로소. 무이 펠리그로소."

급하다는 단어를 몰라 자꾸 "위험해. 아주 위험해." 라고 외쳤다.

그녀가 날 데리고 간 곳은 어두운 골목길이었다. 우리는 서로 망을 봐 줄 것도 없이 동시에 몸에 있던 수분을 해방시켜주었다. 한참이 걸렸다. 다행히 골목은 가로등 하나 없이 깜깜했다. 길거리에서 노상방뇨를 했다는 사실이 좀 민망했지만 우리 둘은 깔깔거리며 한참을 웃었다. 창피하더라도 몇 분 뒤면 완전한 과거가 될 일이었다.

불꽃놀이가 시작되었다. 볼품없고 소심했던 불꽃은 점점 더 거대해졌고 꽤나 과감한 모양으로 보는 재미를 더 했다. 여기저기서 "우와" 하는 탄성이 터져 나왔고 마구잡이로 쏘아대는 불꽃공격에 "꺄" 하고 소리를 지르는 사람들도 있었다. 불꽃놀이마저 정돈되지 않은 천방지축 살라사카스리였다.

불꽃놀이는 한참동안이나 계속되었다. 사회자의 목소리가 불꽃만큼 뜨겁게 타올랐다.

"디에스, 누에베, 오초······"

사람들도 그를 따라 합창하기 시작했다.

"콰트로, 트레스……"

"우노!"

흥분한 사회자는 마이크를 통해 알 수 없는 소리를 질러댔고 사람들은 쓰고 있던 모자를 흔들었다. 새해를 맞이한 순간 우리는 함께 새해 인사를 나눴다. 포옹을 하고 볼 키스를 하고 손을 맞잡고 "펠리스 아뇨스 누에베." 라고 외쳤다. 정신이 쏙 빠질 만큼 엄청나게 많은 사람들과 또 엄청나게 오랫동안 새해인사를 나누며 새해를 맞이했다. 믿어지지 않을 만큼 행복한 순간이었다.

크리스마스의 달콤한 튀김 도넛,
부뉴엘로

Buñuelo

12월 초부터 살라사카는 크리스마스 준비로 한창이다. 정말 하루가 멀다 하고 온 마을 전체가 축제의 장이었다. 이런 잔칫날에는 어느 집을 들어가도 따뜻한 고깃국을 얻어 먹을 수 있었는데 고깃국을 먹고 나면 나오는 디저트가 바로 이 부뉴엘로였다.

수저로 반죽을 대충 떠서 만들기에 모양은 울퉁불퉁 볼품없지만 천연 사탕수수 설탕으로 만든 시럽을 찍어먹으면 자꾸만 손이 갈 만큼 맛있다. 명절에 전을 부치듯 만드는 이 튀김 도넛 역시 만들자마자 옆에서 바로 주워 먹는 게 가장 맛있다. 학교 축제 때 어머니들이 부엌에 모여 부뉴엘로를 튀기면 나는 그 옆에 딱 붙어서 갓 튀겨낸 도넛을 후후 불어가며 맛있게 먹곤 했다. 내가 워낙 좋아하다 보니 한국에서도 꼭 해 먹으라며 알려준 레시피였다.

※ 재료

밀가루 5컵, 계란 2개, 버터 한 스푼, 우유 적당히.

소금, 설탕, 베이킹 파우더 모두 티스푼 반 수저, 식용유, 흑설탕

1. 밀가루, 소금, 설탕, 베이킹 파우더를 섞는다.
2. 여기에 계란, 버터를 넣고 섞다가 우유를 부어 반죽의 농도를 맞춘다.
   이때 묽기는 시중 핫케이크 가루로 팬케이크를 만들 때 정도의 농도라고 생각하면 된다.
   (이 따위로 알려준다고 뭐라고 하지 마시길. 나도 이렇게 배웠다.)
3. 반죽을 밥 수저로 떠서 대충 식용유에 도넛을 튀긴다. 이 튀김도넛을 만들 때는
   예쁜 모양이나 적당한 크기 따위에 연연 하지 않아야 한다. 볼품 없을수록 맛있다.
4. 흑설탕과 물을 1:1 비율로 끓인 설탕 시럽에 도넛을 담가 촉촉하게 만들면 완성!

◈ Tip

- 시럽을 만들 때 계피를 넣어 끓이거나 계피가루를 첨가하면 풍미가 더해져 맛이 더욱 좋다.
- 우유로 농도를 맞춘 뒤 반죽을 바로 튀기지 않고 30분 이상 숙성 시키면
  훨씬 반죽이 잘 부풀어 오르고 쫄깃쫄깃하다.

BUEN PROVECHO!

천사들의 합창단

네 명의 아이들이 모두 나를 보고 있었다. 나는 애써 웃음 지었지만 긴장한 탓에 얼굴에 경련이 일고 있었다.

오늘은 학교수업이 재개 된 첫 날이었다. 나는 드디어 초등부 수업을 맡게 되었다. 스페인어가 부족해 한 달 동안이나 유치부를 맡으며 손꼽아 기다려온 날이기도 했다.

"꼬모 에스탄(안녕하세요)?"

아이들은 선뜻 대답하지 못하고 자기네끼리 눈을 마주치며 눈치를 보고 있었다. 나는 칠판 앞으로 다가가 내 이름을 썼다. 아이들은 칠판에 적힌 내 이름을 소리 내어 읽었다.

"아, 에, 리, 아에리?"

"아에리가 아니라 애리라고 부르면 돼요. 자, 이번엔 여러분 차례예요. 이쪽부터 말해볼까? 이름이 뭐죠?"

검은색 판초를 입고 긴 머리를 뒤로 묶은 남자아이에게 질문했다.

"제 이름은 채쌀입니다."

"응? 뭐라고? 다시 한 번 말해줄래?"

"채쌀이요."

"채쌀? 채쌀이라고?"

아이들이 웃음을 터뜨렸다. 당황스러웠다. 이곳에는 워낙 생소한 이름들이 많아 이름을 한 번에 알아듣기가 힘들었다.

"음…… 그래. 나와서 칠판에 한 번 적어볼래?"

아이는 칠판 앞으로 나와 자신의 이름을 또박또박 적기 시작했다.

'CESAR'

"세사르, 그래 세사르구나."

아이들은 차례대로 나와 이름을 적었고 나는 아이들이 앉아있는 자리 순서 그대로 아이들의 이름을 내 수첩에 옮겨 적었다.

소개 시간이 끝나고 나는 남은시간을 어떻게 채워야할지 고민이 되었다. 이곳엔 따로 교과서도 수업 지침서도 없었다. 그 누구도 지시사항을 주지 않는 온전한 나만의 수업을 해야 했다. 하지만 도무지 어디부터 시작해야할지 감이 오지 않았다. 분명 이곳을 왔다간 수많은 봉사자들이 아이들에게 영어를 가르쳐왔지만 아이들의 영어수준은 학습되었다는 느낌을 찾기 힘들었다. 그때 한 남자아이가 교실로 들어왔다. 다른 아이들보다 키도 크고 꽤 늠름해 보이는 아이였다.

"네가 케빈이구나."

아이는 나를 향해 살짝 미소를 짓고는 자리에 앉아 책가방을 내려놓았다.

"케빈, 지각이구나. 왜지?

아이는 나에게 이유를 털어놓았지만 나는 이유인지 핑계일지 모를 그 이
야기를 알아들을 수 없었다.

"내일부터는 늦으면 안 돼. 알겠니?"

아이는 이내 고개를 끄덕였다. 다행히 아이들은 내 말을 이해하고 있는
듯 보였다. 그 사실만으로도 뿌듯했다. 유치부에서는 내 말은커녕 내 눈을 3
초 이상 바라보는 일도 드물었기 때문이다. 그런 점에서 2반 아이들의 태도는
놀라 울리만큼 안정되어있었다.

아이들은 내가 한국에서 왔다는 사실에 흥미를 가졌다. 지금까지 이곳
을 왔다간 대부분의 봉사자들이 미국, 영국, 캐나다, 프랑스 등 서양인이었

기에 까만 머리의 동양인과 머나먼 아시아 대륙은 아이들의 흥미를 자극하기에 충분했다.

"한국은 어디에 있나요?"

나는 잠시 망설였다.

"음…… 한국은 중국과 일본 근처에 있어."

"중국이랑 일본은 어디 있는데요?"

"음…… 그게……"

나는 아이들의 질문에 제대로 답을 할 수 없었다. 간신히 대답을 하고나면 또 다른 질문들이 쏟아졌다.

"여기서 멀어요?"

"그럼, 아주 멀어서 한참동안 비행기를 타고 가야하지."

비행기라는 말에 아이들은 '우와, 우와' 거리며 눈을 더 동그랗게 떴다. 나는 아이들을 더 알고 싶었지만 아이들의 질문에 채 대답하기도 전에 수업이 끝나버렸다.

매 수업시간마다 한 가지 주제를 정해 영어 단어를 아이들에게 가르쳤다. 오늘의 주제는 '가족'이었다.

"아드리안, 너희 가족은 몇 명이지?"

"다섯 명이요. 아빠, 엄마, 할머니, 형, 누나…… 아 여섯 명이요. 저까지 여섯 명이에요."

"그렇구나. 그럼 라이미는?"

유난히 수줍음을 많이 타는 라이미는 잠시 고개를 숙이더니 손가락 일곱 개를 펴서 내게 보여줬다.

"일곱 명이라는 뜻이지? 대가족이구나. 그럼 누구누구가 있는지 말해줄래?"

라이미는 2반에서 가장 어린 학생이었다. 그래서 그런지 반에서 언제나 소극적이었다. 아이들과도 잘 어울리지 못하는 듯 했다.

"할머니, 할아버지 그리고 엄마랑 아빠, 언니 저 그리고 윌리암 이렇게 일곱 명이요."

속삭이듯 작은 목소리로 말했다.

"거짓말."

옆에 앉아있던 프란시스카가 소리쳤다.

"아녜요. 여섯 명이에요. 윌리암은 얘네 집 고양이란 말이에요."

나머지 아이들이 키득키득 웃기 시작했다.

나는 아이들에게 가족에 관한 어휘들을 가르쳤다. 할머니, 할아버지, 엄마, 아빠, 누나, 형, 동생, 고모, 삼촌까지. 아이들은 내가 칠판에 적은 단어들을 자신의 공책에 받아 적었다.

언제나 제일 먼저 필기를 끝내는 케빈은 내게 공책을 내밀었다. 공책을 검사하고 다른 부분을 수정해주면 배운 단어들을 계속 따라 읽었다. 단순히 빨리 필기를 하는 것만이 아니라 습득 능력도 아주 뛰어났다. 반면 프란시스카는 케빈 보다 더 빨리 필기를 끝내려고 서두르는 모습이었지만 언제나 케빈보다는 느렸다.

세사르는 절대 그대로 필기를 끝내는 경우가 없었다. 언제나 나를 옆으로 불러 앉혀놓고는 칠판 글씨가 잘 보이지 않는다며 내게 철자를 하나하나 확인했다. 다시 칠판에 큼직하게 써줘도 나중에 공책을 보면 뒤죽박죽이었다. 아드리안은 또박또박 정성을 다해 필기를 하느라 가장 늦게 필기를 끝냈다. 너무 느려서 문제였지만 그래도 틀리는 법은 없었다.

아이들은 서로 먼저 내게 검사를 받고 싶어 안달이었다. 필기를 끝내면 나는 항상 공책에 토끼 그림이 그려진 도장을 찍어주곤 했다. 그러면 아이들은 함박웃음을 지으며 웃고 있었다. 놀라웠다. 아이들 모두 배우고자 하는 열의가 있었다. 초롱초롱한 눈망울로 수업시간 내내 집중력을 잃지 않았다. 무엇보다 나의 서툰 스페인어에도 참을성을 가지고 수업을 들어주었다. 신기했다. 그 조그만 입으로 내가 가르치는 영어단어를 따라 할 때면 내가 정말 무언가 값진 일을 하고 있단 생각이 들었다. 아이들은 내게 영어를 배우고 있었지만 나는 아이들에게 그것보다 더 큰 행복을 느끼고 있었다. 처음으로 느껴보는 가르침의 기쁨이었다.

나도 잘 모르겠군

새로운 봉사자들이 도착하기 시작했다. 신참내기에서 벗어날 절호의 기회였다. 새로 온 친구들은 적어도 나보다 어설플 게 분명했다. 내게는 꽤나 신나는 일이었다. 그들의 어설픔으로 내 어설픔을 위로받고 싶은 마음이 컸다. 첫 번째 타자는 빌리였다. 영국 맨체스터에서 온 빌리는 갓 고등학교를 마친 18살의 소년이었다.

"곧 로버트를 만나게 될 거야. 그가 모든 걸 설명해주겠지만 궁금한 게 있다면 뭐든 물어봐도 좋아."

나는 방금 말투가 꽤나 프로페셔널했다며 스스로 뿌듯해했다.

빌리는 배낭을 메고 막 살라사카에 도착했고 나는 혼자 도서관을 지키고 있었다. 빌리는 해리포터에 나오는 '론'을 빼닮아 있었다. 특유의 영국 발음과 빨간 머리, 창백한 피부와 주근깨 그리고 수줍은 미소까지. 어리숙해 보이고 어설퍼 보이는 모습이었다. 하지만 빌리가 스페인어를 유창히 구사한다는 사실을 알고 난 뒤 나는 이내 시무룩해졌다. 어렸을 때 스페인에서 잠깐 학교를 다녔다는데 내가 보기엔 '잠깐'의 실력이 아니었다.

"컴퓨터 기술자라고 들었는데?"

스테판의 질문에 우리는 모두 빌리를 쳐다봤다. 빌리는 당황한 표정이 역력했다.

"뭐? 난 그저 컴퓨터를 조금 다룰 줄 안다고 얘기했을 뿐인데……"

"역시…… 그렇군."

스테판은 이미 알고 있었다는 듯 고개를 끄덕였다. 우리는 다시 파스타를 먹기 시작했다.

"저번에는 목공기술자가 올 거라 하더군. 도착해보니 그 봉사자는 못도 제대로 박을 줄 모르는 사람이었는데 말이야."

"그것뿐이야? 농부, 운동선수, 뮤지션도 있었지."

옆에 있던 제이드가 거들었다. 우리는 박장대소했다. 로버트는 언제나 이곳에 올 예비 봉사자들에 대해 과장된 정보를 흘리곤 했다. 정보를 주기나 하면 다행이었다. 그는 언제나 새로 올 봉사자들에 대해 묵묵부답이었다. 그가 말해주기 전까지 누가, 언제 올 것인지 알 방법이 없었다.

"조만간 새로 오는 봉사자가 있나요?"

"글쎄, 나도 잘 모르겠군."

그가 그렇게 말한 다음날 새로운 봉사자가 도착하기도 했다.

"다음 주에 온다는 봉사자는 스페인어를 할 줄 아나요?"

"글쎄, 나도 잘 모르겠군."

"그럼, 어느 나라에서 오는지는 아나요?"

"글쎄, 그것도 잘 모르겠군."

"세상에! 로버트, 도대체 아는 게 뭐죠?"

"글쎄, 나도 잘 모르겠군."

채식주의자가 고기를 먹는 이유

영국 청년 아담은 비건이다. 비건은 육류뿐 아니라 우유, 버터, 달걀 등의 동물성 제품의 섭취를 완전히 제한하는 채식주의의 한 형태다.

아담은 외모부터 조금 독특했다. 정리되지 않은 부스스한 긴 머리와 얼굴을 뒤덮은 수염 때문에 멀리서도 눈에 띄었다. 남미 장기여행자들이 즐겨 입는 마바지와 너덜너덜한 벙거지 모자까지, 거기서 좀만 심해지면 배낭 여행자가 아니라 노숙자로 보일 가능성이 충분했다.

그와의 첫 만남은 어색함 그 자체였다. 점심시간이 되어 아이들을 데리고 교실 밖으로 나왔는데 학교 식당 앞 벤치에서 그가 로버트와 함께 이야기를 나누고 있었다. 서로 눈이 마주치면서 나는 자연스럽게 손 인사를 했고 아담은 포옹을 하려다 내 인사에 당황하며 엉거주춤 했다.

"이것 참 민망하네."

머리를 긁적이는 아담과 우리를 지켜보던 주변사람들까지 민망하고 어색한 순간이었다.

"아, 미안. 아직도 포옹문화가 낯설어서."

나도 머리를 긁적였다.

"괜찮아."

그가 쿨 하게 받아주며 우리는 엉거주춤 어색한 포옹을 나눴다.

금요일 오후, 단체 저녁식사가 없는 날이라 간단히 파스타를 만들었다. 브로콜리, 토마토, 옥수수, 양파를 적당한 크기로 잘라 프라이팬에 볶다가 파스타 면을 넣고 약간의 소금, 후추 그리고 허브를 넣었다. 마지막으로 옥수수 수프 가루를 우유에 풀어 소스를 만든 뒤 파스타에 부어 섞어주면 끝이었다. 그냥 없는 재료 있는 재료에 맞춰 만들다보니 탄생한 옥수수 크림 파스타였다. 옥수수의 고소한 맛과 우유의 부드러움이 살아있어 담백했다.

거실 탁자에 앉아 파스타를 먹으려는데 어느새 아담이 내게 다가왔다.

"네가 만든 거야?"

"응? 어…… 어."

그는 내 옆에 자리를 잡고 내게 말을 걸기 시작했다. 먹는 와중에 말을 시키는 것도 짜증나는데 이제는 아예 내 파스타 그릇을 뚫어져라 쳐다보고 있었다. 결코 달라는 말은 없었지만 그의 눈빛은 이미 내 파스타를 흡입하고도 남을 기세였다.

"한…… 입…… 먹을래?"

그의 노골적인 눈빛을 차단하지 못한 나는 어쩔 수 없이 예의상 말을 건넸다.

"그럴까? 잠깐만."

마치 기다렸다는 듯 부엌에서 포크를 집어왔다. 아담은 거절의 미학을 모르는 아이였다.

'한 입 먹는데 포크까지 가져 올 건 또 뭐람.'

괜히 말했다 싶었지만 어쩔 수 없었다. 가져온 포크로 아주 듬뿍 떠서 우물우물 맛을 보기 시작했다.

"우와, 진짜 맛있다."

그의 '한 입만'의 눈빛은 어느 새 '한 그릇만'의 눈빛으로 변해있었고 이번에도 그의 눈빛을 냉정히 차단하지 못한 나는 저녁에 먹으려고 남겨놓은 파스타 한 그릇을 그에게 내주고야 말았다. 그가 빈 그릇을 내 밀었을 때 나는 그제야 파스타에 우유가 들어갔다는 사실을 기억해 냈다. 물론 많은 양은 아니었지만 어쨌든 비건에겐 금기 식품이었다.

'어쩌지? 말을 해줘야 하나?'

잠시 고민했지만 도저히 입이 떨어지지 않았다.

다음 날, 무료한 토요일 저녁이었다. 저녁을 먹기 위해 냉장고를 뒤지던 나는 어제 저녁에 쓰고 남은 삶은 검은콩을 발견했다. 이번엔 검은콩 파스타였다. 프라이팬에 식용유를 충분히 두르고 마늘과 빨간 고추를 썰어 달달 볶다가 검은콩을 투하한 후 삶은 면을 넣고 마지막에 소금과 후추로 마무리했다. 이젠 어떤 재료로든 듣도 보도 못한 새로운 파스타 한 그릇을 뚝딱 만들어 내는 경지에 도달해 있었다.

이번에도 아담이 내 파스타를 노렸다. 이미 아담을 염두하고 넉넉히 만들었기에 나는 기분 좋게 그에게 한 그릇을 내주었다. 이번에는 유제품조차 들어가지 않은 완벽한 채식파스타였다. 하지만 부엌 정리를 하다 말고 나는 다시 한 번 머릿속이 하얘졌다. 나는 에그 누들이라고 불리는 중국식 계란 면으로 파스타를 만들었던 것이다. 계란 역시 비건의 금기 식품인데 나는 또 그에게 먹이지 말아할 음식을 먹인 것이다. 이번에도 모르는 척 했다. 다만 아담의 몸에 알레르기나 이상증후가 발견될까 저녁 내내 노심초사하며 그를 관찰할 뿐이었다.

다음 날, 나는 쾌쾌한 옷가지들을 마당으로 들고 나와 손빨래를 하고 있었다. 어느새 아담이 기타를 들고 나와 계단에 걸터앉아 연주를 시작했다. 자신의 자작곡을 들려주겠다며 내게 노래도 불러줬다. 생각보다 기타연주와 노래 실력 모두 수준급이었다. 널어놓은 빨래가지들이 바람을 타고 춤을 추고 있었다. 화창한 일요일 아침이었다.

아담은 정말 독특했다. 사람들마다 각기 다른 에너지를 품고 있으며 그 에너지가 자신을 살게 하는 원동력이라고 말하는 그를 순수하다고 해야 할지 대책이 없다고 해야 할지 감이 오지 않았다.

그가 내게 대뜸 일어나보라고 했다. 내게 자신의 에너지를 전달해주겠단다. 그가 시키는 대로 두 눈을 감고 손바닥을 내밀었다. 그는 자신의 손바닥을 내 손바닥 위에 올리고 자신도 눈을 감았다. 1분이 지났을까? 아담이 눈을 동그랗게 뜨며 자신의 에너지가 느껴졌냐고 물었다. 따가운 햇볕 때문에 손바닥이 아니라 머리위에서 뜨거운 열에너지가 느껴졌지만 나는 아담을 실망시키고 싶지 않았다.

"응. 뭔가 손바닥이 에너지를 받은 듯 뜨거워진 느낌이야."

흐뭇한 미소를 짓는 아담을 가까이서 보니 그는 옅은 갈색의 초롱초롱한 눈을 갖고 있었다. 긴 머리와 수염으로 가려져 보이지 않았던 아름다움이었다.

아담이 떠나는 마지막 날, 나는 그를 위해 저녁당번에 자원했다. 한국음식이 먹고 싶다는 그의 요청이 있었기 때문이었다. 아담을 위해서는 채식메뉴를 준비해야했다. 나는 9인분의 비빔밥을 준비하기로 했다.

우선 디저트를 먼저 만들었다. 아담이 먹을 수 있는 비건쿠키를 위해 새롭게 조리법을 만들어야 했다. 버터, 계란, 우유 그 어느 것도 사용할 수 없어 버터 대신 식물성 오일, 계란 대신 바나나를 으깼고, 우유 대신 두유를 사용해 바나나쿠키를 완성했다.

이번엔 먹기에만 간단한 비빔밥이었다. 우선 밥을 지을 때 옥수수를 섞어 밥을 지었다. 비빔밥 재료로 쓸 야채들이 많지 않아 옥수수 알갱이로 씹는 맛을 주기 위해서였다. 고작 내가 사용한 야채는 당근과 양파였다. 각각 채를 썰어 따로 볶고 비건이 아닌 다른 친구들을 위해 계란 프라이를 만들고 참치 캔을 사용해 참치도 따로 볶았다. 문제는 가장 중요한 고추장 소스였다. 키토를 떠나기 전 윤미언니와 경화언니는 내게 고추장튜브 하나를 쥐어주었다. 하지만 9인분을 만들기에는 턱없이 부족했다. 결국, 나는 고추장 튜브 하나를 9인분으로 늘리는 마술을 부려야 했다.

우선 큰 토마토 한 개를 잘게 다져 넣었다. 우선 색이 비슷하고 토마토의 상큼함이 더해졌다. 매운 맛을 위해 핫 소스를 세 스푼 넣고 달콤한 맛을 위해 설탕을 한 스푼, 마지막으로 레몬즙을 뿌렸다. 기필코 양을 늘려야 했던 나는 흡사 연금술사와 같았다. 진지하게 냉장고와 공동 물품 선반을 뒤져가며 어울릴만한 것들을 찾아냈다. 그 결과 홍해가 쩍 하고 갈라지는 모세의 기적이 아니라 고추장의 기적이 탄생했다.

"이게 바로 비빔밥이야. 비빔은 비비다(mix)를 뜻하고 밥은 쌀(rice)를 뜻해. 즉, 여러 가지 야채와 함께 비벼 먹는 밥인 거지."

나를 따라 소스를 넣고 서툰 솜씨로 비빔밥을 비비기 시작했다. 친구들은 생긴 모습 뿐 아니라 먹는 방법 또한 독특한 이 비빔밥에 즐거움을 감추지 못했다. 소스 때문인지 확실히 원래 우리의 비빔밥맛은 아니었지만 달콤 상큼한 샐러드 비빔밥 같았다. 특히 톡톡 씹히는 옥수수가 참 잘 어울렸다. 예상보다 반응은 더 뜨거웠다. 친구들 모두 감탄을 쏟아내고 있었다. 아담은 내게 엄지손가락을 치켜세워 보이며 흐뭇한 미소를 짓고 있었다.

아담이 가고 난 뒤 뒷정리를 시작했다. 이미 납작해진 고추장 튜브 용기를 치우려다 나는 다시 한 번 놀라고 말았다.

'소고기 볶음 고추장'

그것은 그냥 고추장이 아니었다. 많은 양은 아니지만 어쨌든 소고기가 들어있는 볶음 고추장 이었다. 아담을 위해 비건쿠키를 만든다고 우유, 버터, 계란도 안 넣어가며 그 난리를 쳐놓고는 결국 아담에게 소고기 고추장을 먹인 것이다.

나는 그 고추장 튜브를 차마 버리지 못하고 방으로 가져와 치약처럼 중간을 잘랐다. 그리곤 손가락으로 0.1 그램까지 쪽쪽 빨아먹었다. 오랜만에 맛보는 한국의 장맛을 보니 짜릿하기도 하고 행복했다. 하지만 유달리 소스가 맛있다며 해맑게 웃던 아담의 얼굴이 떠올라 사레가 걸리고 말았다.

내겐 너무 슬픈 아리랑

젬마가 비자문제로 잠시 자리를 비우면서 나는 그녀 대신 1반 수업을 맡게 되었다. 1반은 가장 가르치기 힘든 반으로 악명이 높았다.

정원은 원래 여덟 명이지만 지속적으로 학교에 나오는 아이들은 다섯 명뿐이었다. 학교에서는 아이들의 출석에 대해 별다른 신경을 쓰고 있지 않았다. 아이들이 결석을 하던 지각을 하던 그건 그리 큰 문제가 아니었다. 기본적으로 출석부조차 없었다. 이곳 사람들은 학교와 교육의 중요성에는 별 다른 관심이 없어보였다. 아이들에게도 학교는 배움의 터가 아니라 또래의 아이들을 만나는 놀이터 같은 곳이었다. 그러다보니 아이들에게 제대로 된 수업태도를 기대하기란 힘든 일이었다.

역시나 1반 아이들은 매우 비협조적이었다. 열심히 칠판에 그림을 그려가며 설명을 해도 듣는 둥 마는 둥 공책에 낙서만 할 뿐이었다. 1반의 요주의 인물인 캐서린은 도무지 말을 듣지 않았다. 캐서린의 오빠인 2반 케빈과는 정

반대였다.

"선생님, 화장실에 갈래요."

말코가 벌떡 자리에 일어나서는 화장실에 가겠다고 했다.

"좋아, 하지만 정말 화장실만 갔다와야해."

말코를 내보내니 아이들 모두 자기도 화장실에 가겠다고 난리를 피웠다.

"말코가 돌아오면 그때 안소니 그리고 그 다음엔 멜라니 순으로 가렴."

몇 분 후, 아이들이 창문을 내다보며 웃기 시작했다. 화장실에 가겠다는 말코는 잔디밭을 돌아다니고 있었다.

"말코, 당장 교실로 돌아와."

창밖으로 소리를 질렀지만 말코는 다른 반으로 불쑥 들어가 교실을 휘저어놓았다. 재빨리 말코를 데리고 교실로 돌아왔지만 교실 안은 여전히 어수선했다.

"자, 이제 나가서 놀아."

아이들을 붙잡고 있다가 지쳐버린 나는 아이들을 밖으로 내보냈다. 아직 수업시간이 채 끝나지 않았지만 어쩔 수 없었다. 도무지 수업이 제대로 진행될 수 없는 지경이었다. 고작 몇 분의 수업만으로도 나는 금세 지쳐버렸다. 그저 젬마가 빨리 돌아오길 바랄 뿐이었다.

그림책 읽어주기도 실패였다. 처음에는 집중하는 듯 보였지만 이내 또 딴 짓을 하기 바빴다. 그냥 놀게 하자니 다른 반을 방해할 것 같아 그럴 수 없었다. 나는 대신 책을 덮었다. 책상위의 잡동사니를 모두 치우고 의자도 치워버렸다. 모든 책상을 뒤로 밀어놓고 아이들을 모두 책상 위에 앉게 했다. 가방에서 전자사전을 꺼내들었다. 그리곤 내 전자사전에 저장된 노래 하나를 틀어

주었다. 처음에는 저마다 떠들기 바쁘던 아이들도 처음 듣는 생소한 멜로디에 말을 멈추고 노래에 귀를 기울이기 시작했다. 음악이 모두 끝났을 때 아이들은 또 다시 소리를 지르기 시작했다.

"오트라 베스, 오트라 베스."

다시 한 번 들려주라는 뜻이었다. 나는 아이들에게 다시 노래를 들려주었다. 어느새 내 수업은 음악 수업으로 바뀌어 있었다. 나는 아이들에게 노래를 가르치기 시작했다. 반복되는 단순한 가사 때문에 아이들은 쉽게 따라 부르고 즐거워했다.

'아리랑'이었다. 나는 느린 박자로 한 번 불러주고 '트리스테', 슬픈 버전이라고 말했다. 그리고 빠른 박자로 부른 뒤 '펠리스', 신나는 버전이라고 말해주었다. 느리게 부를 때는 슬픈 표정을 지으며 우는 것처럼 눈물 훔치는 동작을 하고 빠른 박자로 부를 때는 흥에 겨운 듯 손으로 덩실덩실 어깨춤을 췄다.

아이들은 나를 따라 슬프게 불렀다가 또 신나게 부르며 춤까지 따라 추었다. 아이들은 자리에서 일어나지도 딴 짓을 하지도 않았다. 앞에 서있는 나만 바라보며 '아리랑~ 아리랑~ 아라리요~'를 부르고 있었다. 말 안 듣는 개구쟁이 아이들이 이렇게 열심히 수업을 듣는 건 처음이었다. 말 안 듣는 꼬마 숙녀 캐서린은 수업이 끝나고 나서도 어깨춤을 추며 '아리 아리랑~ 스리스리랑~'을 흥얼거렸다. 참으로 놀라운 광경이었다. 한국이 어디에 있는지도 잘 모르는 어린 아이들이 우리의 민요를 흥얼거린다니. 왠지 모르게 뿌듯했다.

그 뒤부터는 아이들 모두 수업시간마다 말썽 부리는 일 없이 수업도 잘 듣고 공부도 열심히 했다, 고 말하고 싶으나 그건 영화나 드라마 속 이야기이다. 현실은 그렇게 아름답지도 호락호락 하지 않다. 아이들이 하루 말을 잘 들었다고 다음날도 그럴 거라 기대하면 그건 아주 큰 오산이다. 그 악동들이 그렇게 쉽게 변할 리 없었다. 아이들은 여전히 아리랑을 흥얼거렸지만 수업에 집중하지도 내 말을 듣지도 않았다. 오히려 소리를 지르다 지치는 쪽은 나였다.

"자, 얼른 나가서 놀아."

결국 두 손 두 발 다 들었다. 수업이 끝나기 전 나는 또 아이들을 교실 밖으로 풀어주었다. 아이들을 풀어 줬다기 보다는 내가 아이들로부터 해방되었다는 표현이 맞을 듯싶다. 나는 아이들이 모두 나간 텅 빈 교실에서 홀로 아리랑을 들었다. '트리스테' 버전이었다.

내 이름은 '이름'이야

복사를 위해서는 도서관으로 가야 했다. 하지만 도서관에 있는 복사기는 한번도 제대로 작동하는 법이 없었다. 하는 수 없이 오늘도 수기로 아이들의 시험지를 만들었다. 고작 다섯 명을 위한 시험지였지만 시간은 꽤 오래 걸렸다.

아이들에게 영어 수업만 하던 나는 이제 수학까지 가르치고 있었다. 오늘은 수학시험을 보기로 한 날이었다. 아이들은 덧셈과 뺄셈을 배우고 있었다. 케빈을 제외하고는 모두 손가락 범위 안에서만 덧셈과 뺄셈이 가능했다. 그 범위를 벗어나면 아이들은 혼란에 빠져버렸다. 나는 서두르지 않았다. 일 더하기 일부터 차근차근하게 가르치고 있었다. 숫자가 늘어날수록 시간이 더 걸렸지만 아이들은 조금씩 해내고 있었다.

"모두 시험문제가 다르니까 친구 것을 봐도 소용없어. 알겠니?"

평소에 가로로 나란히 쭉 놓여있던 책상도 모두 재배치했다.

"자, 시험지 위에 각자 이름을 적으렴."

나는 칠판에 밑줄로 빈 공간을 만들어 보여주었다. 아이들은 사뭇 진지하게 시험에 임했다. 물론 얼마 지나지 않아 아이들은 저 마다 한숨을 쉬며 내게 말을 걸기 시작했다.

"너무 어려워요."

"선생님, 이게 일이에요 칠이에요?"

"이거 맞아요?"

세사르는 오늘도 귀여운 미소를 지으며 나에게 살짝 손짓을 했다. 자리로 와주라는 신호였다.

"모르겠어요. 이건 뭐예요?"

세사르가 내게 귓속말을 하자 프란시스카가 소리 쳤다.

"선생님, 시험인데 알려주는 게 어디 있어요? 반칙이에요. 반칙!"

"가르쳐주는 거 아니야. 자, 세사르, 더 이상 선생님 부르지 말고 빨리 시험지를 풀으렴."

나는 세사르에게 엄한 표정을 한 번 지어 보이고는 다시 칠판 앞으로 나왔다.

아이들은 저마다 열심히 답을 적어 내려갔다. 특히 케빈과 프란시스카는 어려움 없이 문제를 푸는 듯 보였다. 라이미는 앞에 몇 문제를 제외하고는 손도 대지 못하고 있었다. 덧셈은 제법 하는데 아직 뺄셈의 개념에는 약한 편이었다. 8 빼기 3에서 힘들어하기에 나는 조용히 라이미에게 손가락 여덟 개를 펴서 보여주고 손가락 세 개를 접었다. 나머지 다섯 손가락을 라이미 눈앞에서 쫙 펼쳤다. 라이미는 내 다섯 손가락을 하나씩 만지며 수를 세더니 다섯이라고 적고는 수줍게 웃었다. 다행히 프란시스카는 자신의 시험지를 가리는데 집중하느라 내 행동을 눈치 채지 못했다. 안 그랬음 또 한 소리 들을 뻔 했다.

시험이 한창 진행되고 있는데 앞에 앉은 아드리안이 나를 불렀다.

"선생님, 이거 맞아요?"

아드리안은 작은 목소리로 나에게 속삭였다. 아까부터 한 문제를 풀 때마다 나를 불러 이게 맞는지 정답을 확인하고 있었다.

"아드리안, 아직 말해줄 수 없어. 이건 시험이잖니. 그치? 혼자서 풀어봐."

아드리안의 머리를 쓰다듬어주고 자리에서 일어서려는데 문득 아드리안의 시험지 윗부분의 글씨가 눈에 들어왔다. 그곳에는 'Nombre' 라는 단어가 적혀있고 밑줄이 그어져있었다. 그 단어는 '이름'을 뜻했다. 내가 밑줄 친 공간에 자기 이름을 적으라고 했더니 말 그대로 '이름'이라는 단어를 적은 거였다. 평소에 내가 적어주는 대로 열심히 필기하는 필기왕 아드리안다운 행동이었다.

"네 이름을 적으라고 했더니 진짜 '이름'을 적으면 어떡해? 네 이름이 '이름'이야?"

나는 웃음을 참을 수 없었다. 당황한 아드리안은 빠진 앞니를 드러내며 멋쩍은 웃음을 지어 보였다.

시험문제는 고작 열 문제였는데 삼십분이 훌쩍 넘어서야 시험이 끝났다. 나는 아이들이 보는 앞에서 바로 채점에 들어갔다. 케빈과 프란시스카는 백점을 맞았고 아드리안은 두 개를 틀렸다. 세사르는 반타작을 했고 라이미는 내가 알려준 문제를 포함해 고작 세 개만 맞혔다.

케빈과 프란시스카는 시험지를 들고 신이 났다. 수업에서 필기를 할 때처럼 '잘했어요!' 도장을 찍어주라고 보챘다. 나는 모두에게 도장을 찍어주었다. 시무룩해 있던 라이미와 세사르는 그제서야 싱그러운 미소를 지었다.

돼지, 개, 양, 소, 말

"인터캄비오? 그게 뭔데?"

"한마디로 아이들에게 네 나라에 대한 프레젠테이션을 갖는 거지. 뭐든 좋아. 한국의 음식, 문화, 언어, 그냥 아이들에게 한국을 소개하는 거야."

"나보러 전체학생과 선생님들이 모두 보는 앞에서 발표를 하라는 거야?"

"어렵게 생각할 거 없어. 그냥 네가 원하는 걸 준비해서 그걸 공유한다고 생각하면 돼."

"아니…… 뭐, 우리나라를 소개하는 것도 좋고 사람들 앞에서 발표해야 하는 것도 뭐 좋다고 쳐. 근데 그걸 다 스페인어로 하라는 거잖아. 아니야?"

"그건 그렇지. 당연히 스페인어로 설명해야지."

"아니, 꼭 내가 해야 해? 스페인어 잘하는 봉사자들 많잖아. 걔네들은 놔두고 왜 하필 나야?"

"너도 알다시피 여기 있는 봉사자들이라고 해 봤자 영국, 프랑스, 미국이잖아. 이 나라들에 대해서는 질릴 만큼 들었어. 아이들도 실증 날 거야. 하지만 한국은 그렇지 않잖아. 새로운 나라에 대해 공부할 수 있어서 아이들 교육에 이만큼 효과적인 것도 없다고. 너한테도 마찬가지고. 한국을 소개할 좋은 기회 아니겠어?"

결국 나는 도서관에 앉아 생각에 잠겼다. 무엇을 소개해야 할지 고민이 되었다. 그렇게 시작된 고민은 일주일이 지나서도 마찬가지였다. 아니, 솔직히 말하자면 고민하는 척만 했다. 프란시스코에 이어 봉사자들의 코디네이터 역할을 하고 있는 스테판에게 무작정 안 한다고 고집을 피울 수는 없었다. 스테판에게는 생각해본다고 말해놓고 최대한 미루고 미뤄서 어영부영 안 할 생각이었다.

"준비는 하고 있는 거야? 무엇에 관해 소개할지는 생각해봤어?"

스테판이 물었다.

"아무리 생각해도 이건 정말 못하겠어. 영어로 발표하기도 힘든데 스페인어라니. 그것도 생소한 우리나라에 대해서 말이야."

"그거라면 걱정 마, 우리가 옆에서 도와줄 수 있어."

'니들도 잘 모르는 걸 무슨 수로 도와주겠다는 거야.' 라고 소리를 지르고 싶은 심정이었다. 더 이상의 핑계를 댈 수 없어 나는 하는 수 없이 인터캄비오 수업을 준비하기 시작했다.

하기 싫은데 억지로 준비하려니 짜증이 났다.

'이렇게 된 거 그냥 대충 해치워버리자.'

뭐, 우리나라에 대한 자료를 뽑아다가 쭉 읽어주면 되겠다 싶었다. 네이버에 '대한민국'을 치고 검색하니 태극기와 함께 기본 자료들이 보였다. 리퍼블릭 오브 코리아, 수도는 서울이고, 언어는 한국어. 간단하게 메모를 하기 시작했다. GDP는 세계 15위라…… 흠, 나쁘지 않군. 어? 인도는 왜 이렇게 높지? 오, 콜롬비아가 칠레보다 높네? 아니 내가 이럴 때가 아니지. 다시 우리나라에 대한 자료를 살펴보기 시작했다.

나름 잘 알고 있다고 생각했는데 자료를 살펴보니 내가 아는 것보다 모르는 게 훨씬 더 많았다. '어? 우리나라에 이런 게 있었어? 저건 뭐지? 저긴 또 어디야?' 이미 발표생각은 안중에 없었다. 나는 이것저것 우리나라에 대한 새로운 사실들을 알아가고 있었다. 1시간이 지났지만 난 여전히 갈피를 잡지 못했다. 하지만 왠지 우리나라를 제대로 소개하고 싶은 욕심이 생겼다. 어쩌면 스테판이 말한 대로 이번이야 말로 우리나라를 알릴 절호의 기회였다.

금요일 오후, 2반 교실에는 전교생들과 봉사자들, 선생님들로 가득했다. 교실에는 내가 준비한 '아리랑'이 흘러나오고 있었다.

"여러분, 이 노래가 뭔지 아나요?"

1반 아이들이 손을 들며 외쳤다.

"아리랑이요!"

"네, 맞아요. 한국에서 가장 유명한 '아리랑'이라는 노래예요. 오늘은 선생님과 한국에 대해 알아보는 시간을 가질 거예요. 혹시 한국에 대해서 뭐 알고 있는 사람이 있나요?"

아이들이 멀뚱멀뚱 웃기만 하자 스테판이 손을 흔들었다.

"한국 사람은 밥을 먹기 전 음식 사진을 찍어요. 안 그러면 밥을 못 먹나봐요."

그는 능글맞은 웃음을 지었다. 순간 교실 안은 웃음바다가 되었다.

숙소에서 저녁식사를 할 때마다 나는 쭉 봉사자들이 만든 음식의 사진을 찍어왔다. 학교 점심도 마찬가지다. 우리나라에서는 너무 흔한 일인데 외국인들에게는 참 희한한 일이었다.

"맛있는 음식 사진을 볼 때면 그 날의 상황과 함께 있던 사람들이 떠올라. 맛있는 음식은 즐거운 순간을 의미한다고. 그래서 매번 음식 사진을 찍는 거야."

도대체 그 사진을 어디에 쓸 거냐는 물음에 이렇게 대답해보지만 친구들은 언제나 이런 나를 신기하게 쳐다봤다. 하루라도 날 놀리지 않곤 살 수 없는 스테판은 내가 음식 사진을 찍을 때마다 렌즈 앞에 자신의 손을 갖다 대며 장난을 치곤했다. 하지만 시간이 흐르자 이젠 내가 사진을 찍기 전에는 음식에 손도 대지 않고 기다려줬다. 내가 하도 "잠깐! 기다려! 사진 찍어야 해." 를 연발해서 학습이 된 모양이었다. 또 내가 깜빡 잊고 사진을 찍지 않으면 왜 자신의 음식은 사진을 찍어주지 않냐 며 서운해 했다.

"자, 이게 뭘까요?"

나는 내가 종이에 그린 태극기를 들고 서 있었다.

"한국 국기요."

"네, 맞아요. 그럼 혹시 칠판에 태극기를 따라 그릴 수 있는 사람 있나요?"

아이들은 앞 다퉈 손을 들었고 나는 3반 아드리아나에게 그림을 그리게 했다. 그리곤 건곤감리와 태극모양이 갖고 있는 뜻을 설명해주었다. 스페인어로 설명해야 해서 말이 끊기고 문법도 엉망이었지만 주요 단어들로 간단하게 표현을 해서인지 모두들 고개를 끄덕이며 경청해주었다. 다음은 한글이었다. 평소에도 아이들이 워낙 한글에 관심을 보였던지라 한글을 가르칠 때 아이들의 눈이 초롱초롱 빛나고 있었다. 자음과 모음에 대해 설명해주고 그것을 토

대로 아이들의 이름을 한글로 적어주었다. 자신의 이름을 한글로 받아 든 아이들은 신이 나서 삐뚤빼뚤 이름을 따라 적기 시작했다.

마지막은 'Juego de yut', 바로 윷놀이였다. 아이들과 다 같이 할 수 있는 전통놀이로는 안성맞춤이었다. 하지만 어디서 윷을 구해야할 지 난감했다. 처음에는 나무를 깎아야 하나 하다가 두루마리 휴지 심을 이용해 윷가락을 직접 만들었다. 휴지 심을 세로로 반을 자른 뒤 종이로 감싸서 밑은 평평하고 위는 볼록한 윷모양을 만들고 그림을 새기니 나름 그럴싸했다. 윷놀이 판 역시 직접 그렸다. 하지만 윷놀이의 원리를 설명하는 게 만만치 않았다. 이 부분은 제이드의 도움으로 게임의 규칙을 아이들에게 설명할 수 있었다.

남자와 여자로 편을 갈라 윷놀이를 시작했다. 처음에는 헷갈려 했지만 도 개걸윷모를 각각 동물로 표현해주니 아이들이 쉽게 이해하기 시작했다. 윷이 나 모가 나오면 좋아하고 도나 개가 나오면 서로에게 눈을 흘겼다. 꼭 우리나 라 아이들 모습 그대로였다.

예정된 인터캄비오의 시간은 끝났지만 아이들은 윷놀이에 빠져 한참동 안이나 윷을 던지고 놀았다. 봉사자친구들도 아이들 사이에서 함께 윷놀이 를 즐겼다.

살라사카에서 윷놀이를 하고 있으니 왠지 모를 뿌듯함이 느껴졌다. 스테 판은 아이들에게 좋은 기회가 될 거라며 내게 이 수업을 권했지만 준비하면서 보니 나야 말로 우리나라에 대해 더 많이 배울 수 있는 시간이었다.

"어어? 백도다!"

스테판이 백도를 던졌다.

"백도는 다시 뒤로 한 칸 가야 하는 거야."

나는 친절하게 설명하면서 스테판을 바라봤다.

"그니까 제일 안 좋은 거지."

스테판 편에 있던 아이들이 스테판에게 원망의 눈초리를 쏘아댔다. 스테 판은 곤란해 하며 나를 쳐다봤고 나는 회심의 미소를 지어 보였다. 나만의 소 심한 복수였다.

아이 엠 해피

크리스마스 이후 살라사카를 떠났던 룸메이트 소피가 돌아왔다. '잃어버린 천국'이라는 에콰도르의 갈라파고스 섬과 페루의 '잃어버린 도시' 마추픽추를 돌아보고 돌아온 거였다. 미국에서 온 롭과 제니 커플은 소피가 갈라파고스 섬에 있을 때 만난 친구들이었다. 그들은 소피를 통해 봉사활동을 하고 싶다며 이곳에 찾아 왔다.

새로운 교사들이 늘어나면서 학교와 숙소는 활기를 되찾고 있었다. 충분한 인원 덕에 금요일에는 다시 아이들을 위한 인형연극을 준비할 수 있었고 우리가 직접 연기하는 촌극도 선보일 수 있었다.

나는 고정적인 스케줄을 갖고 2반, 3반 아이들에게 영어, 수학을 가르치고 가끔은 음악과 미술수업도 했다. 내 수업을 하고 있었고 이제 무엇을 어떻게 가르쳐야 할지도 잘 알고 있었다. 처음 왔을 땐 상상도 할 수 없을 만한 발전이었다.

아이들이 잘못을 했을 때는 무엇이 잘못되었는지 설명할 수 있게 되었고 아이들에게 구체적으로 칭찬도 할 수 있었다. 아이들에게 더 많은 질문을 할 수 있었고 또 더 많은 질문에 답할 수 있었다. 아이들의 이야기를 추측이 아닌 이해 할 수 있음에 희열을 느꼈고 아이들과 좀 더 오래 이야기를 나눌 수 있음에 감사했다. 아이들은 영어를 습득했고 나는 아이들을 통해 스페인어를 습득했다. 아이들뿐 아니라 나 역시 조금씩 성장하고 있었다.

영어수업 시간엔 항상 전 수업시간에 배웠던 단어들을 복습했다. 아이들은 조금씩 더 많은 영어단어를 습득했고 내 말도 조금씩 더 알아듣고 있었다. 한 자리 수 덧셈 뺄셈도 버겁던 아이들은 두 자리, 세 자리까지 덧셈 뺄셈을 하게 되었다. 인내심을 가지고 반복해서 원리를 설명한 결과였다.

미국에서 온 신참교사 릴리가 수업을 참관하기 위해 우리교실에 들어왔다. 내가 이곳에 온 첫날 조던의 참관수업을 들었던 곳이었다. 이제는 내 수업을 누군가 참관하고 있었다. 믿기지 않는 일이었다. 소피도 내가 수업하는 모습을 보고 싶다며 교실 뒤편에 자리를 잡았다.

영어를 모국어로 사용하는 릴리와 소피 앞에서 영어 수업을 한다니 긴장되는 일이었다. 내 앞에서 외국인이 우리 한글을 가르친다면? 솔직히 조금 웃길 것 같기 때문이다. 어눌한 발음의 외국인이 다른 외국인에게 그의 모국어가 아닌 외국어를 가르친다니. 모양새가 조금 요상한 것 같기도 했다. 하지만 나는 더 이상 예전의 그 어설픈 선생님이 아니었다. 전날 배웠던 영어표현과 단어를 복습한 후 나는 준비한 수업을 이어갔다.

"얘들아, 근처에 밀가루 파는 곳이 있니?"

"네, 선생님. 시내에 있는 슈퍼에서 팔아요."

"어, 그래? 그럼 계란은? 계란도 파니?"

"그럼요. 계란도 있어요. 그런데 왜요 선생님?"

"응. 오늘 선생님이 케이크를 만들어야 해서 말이야."

"정말요? 누구 생일이에요? 누구요? 누군데요 선생님?"

"오늘은 선생님이 숙소 친구들을 위해 케이크를 구워보려고 하거든."

"우와 정말요?"

"그래. 그래서 좀 있다 재료를 사러 가야 해."

"정말요? 선생님, 저도 따라가면 안 돼요?"

"선생님, 저도요. 저도 따라갈래요."

아이들이 손을 들고 아우성을 쳤다.

"자, 모두 진정해. 우선 가기 전에 필요한 재료들을 종이에 적어야겠지? 그런데 케이크를 만들려면 뭐가 필요 하려나?"

나는 아이들을 쭉 쳐다보며 말했다.

"선생님, 저요. 저 알아요."

똑순이 프란체스카가 손을 들며 말했다.

"우선, 밀가루랑 계란이 필요해요."

"그래, 맞다. 밀가루랑 계란이 필요하지."

나는 칠판에 밀가루와 계란을 스페인어로 적었다.

"또 뭐가 필요하지?"

"설탕이요. 달콤한 설탕이 필요해요."

"그렇지. 설탕이 필요하구나."

"그리고 크림이 필요해요. 하얀 크림으로 케이크 위를 예쁘게 꾸며야 해요."

"옳지."

크림도 적었다.

"또 없니?"

"초콜릿도 필요해요. 초콜릿케이크가 세상에서 제일 맛있으니까요."

아드리안이 침을 꼴깍 삼키며 대답했다. 프란시스카는 자신이 먼저 말하지 못해 분한 표정이었다.

"다른 건 더 필요 없어? 우유는? 우유는 안 필요하니?"

"필요해요. 우유도 사야 해요."

모두 입을 맞춰 대답했다.

"그렇구나, 케이크를 만들려면 밀가루, 계란, 설탕, 크림 그리고 우유를 사야겠구나. 근데 이걸 다 살라사카에서 살 수 있는 거니?".

"네, 선생님. 다 있어요."

"아니야. 여기에는 없어. 팔릴레오에 가야 해요. 선생님."

아이들마다 의견이 분분했다. 정말 내가 재료를 사야 하는 줄 알고 잔뜩 흥분한 모습이었다.

"선생님, 이젠 우리 같이 재료 사러 가요. 저희가 도와드릴게요."

"음, 그런데 너희들 여기 적힌 재료들을 영어로는 어떻게 말하는지는 알고 있니?"

칠판에 적힌 재료들을 가리키며 말했다. 아이들의 눈이 더 동그래졌다.

"계란은 저번에 배웠었는데. 기억나지? 에…… 뭐였더라?"

"에그요. 에그라고 해요, 선생님."

케빈이 급하게 소리쳤다.

"옳지. 계란은 '에그'라고 한다고 배웠지? 그럼 나머지는? 나머지도 조금만 공부해볼까?"

마치 실제상황처럼 상황을 설정하면 아이들은 그 어떤 때보다 적극적으로 변했다. 모르는 척 아이들에게 물어보면 아이들은 서로 자신이 알고 있는 걸 하나라도 더 알려주고 싶어 난리가 났다. 이런 상황을 자연스럽게 수업으로 이끌어 가면 아이들은 이것이 수업이라 생각하지 못하고 모두들 집중해서 열심히 대답했다. 자연스럽게 생활 속 영어단어를 공부하기 위해 사용하는 방법이었다. 결과적으로 꽤나 효과가 좋았다.

한번은 아이들에게 'I am+형용사' 구문을 가르치고 있었다. 'I am happy, I am sad, I am tall, I am short' 등의 단순한 문장표현이지만 아이들에게는 쉽지 않았다. 스페인어로 뜻을 적어주고 판서를 공책에 적게 하긴 했는데 아이들이 제대로 이해한 것 같지 않았다. 그래서 만든 노래가 해피송이었다.

사실 노래라고 할 것도 없다. 이 문장들을 크게 따라 부르며 그에 맞는 동작들을 집어넣으면 되었다. Happy를 표현할 때는 입 꼬리를 잡아당기며 행복한 표정을 짓고 Sad를 표현 할 땐 손가락으로 눈물을 표현하며 슬픈 표정을 지으면 되었다. 단순하지만 그래서 아이들은 더 잘 따라 했다. 수업시간에 배운 문장들을 두 번씩 반복해 그에 맞는 동작과 표정을 첨가하니 아이들의 지루해하던 표정이 순식간에 흥미로운 표정으로 바뀌었고 율동을 하고 싶어 몸을 들썩였다.

여기에 비디오 기능이 있는 카메라만 있으면 금상첨화였다. 나를 따라서 영어 노래를 부르는 아이들의 모습을 직접 보여주면 아이들은 한층 더 신나서 "선생님, 한 번 더요. 우리 한 번 더 불러 봐요." 하며 나를 보채기까지 했다.

아이들은 수업이 끝나고 나서도 노래를 흥얼거렸다. 그런데 내가 아이들과 노래 부르는 모습을 본 스테판이 배꼽을 잡고 웃기 시작했다.

"정말 웃겨 죽을 뻔 했어."

그는 내가 아이들에게 선보인 우스꽝스러운 동작까지 따라 했다.

"I am happy~ I am happy."

나는 나의 뛰어난 작곡 능력을 질투 하는 거라며 스테판에게 눈을 흘겼다. 조금 유치하긴 해도 아이들이 좋아하니 그걸로 만족했다. 아이들 눈높이에는 딱 맞는 방법이라고 생각했다. 내가 원어민이 아닌 이상 나는 그렇게라도 다른 교사들과 다르게 접근해야 했다.

"내가 자리를 비운 몇 주 사이에 네게 무슨 일이 있었던 거야?"

내 수업을 참관했던 소피는 수업이 끝나자마자 내게 다가와 놀라움을 감추지 못했다. 같이 유치부를 맡아 보조역할을 해봤기에 소피는 초등부 수업을 하는 내 모습에 많이 놀란 듯 보였다. 그럴 수밖에 없었다. 이곳에서 내가 할 수 있는 일은 아무것도 없다며, 쓰레기가 된 기분이라고 자책하던 나였으니 말이다.

"네가 자랑스러워."

힘든 시기를 함께 보낸 소피였기에 그 어떤 말보다 듣기 좋은 칭찬이었다.

소똥 위에서 하룻밤

새벽 다섯 시 반, 빌리가 먼저 일어나 우리를 깨웠다. 오늘은 신참 교사인 빌리와 다나 그리고 릴리와 함께 상가이 국립공원으로 1박 2일 하이킹을 떠나는 날이었다.

어제 미리 끓여 식힌 물을 물병에 담고 정확히 여섯시에 숙소에서 출발했다. 6시 30분에 리오밤바 행 버스가 지나간다는 정보 때문에 초스피드 걸음으로 살라사카 시내까지 걸어 이동했다. 하지만 일곱 시가 다 되어도 우리가 기다리는 리오밤바 행 버스는 보이지도 않았다. 결국 대신 암바토행 버스를 잡아탔다.

암바토에서 다시 차를 타고 리오밤바 터미널에 도착했다. 그리고 그 곳에서 다시 버스를 타고 달려 한마을에 도착했다. 벌써 정오였다. 여기까지 오는데 6시간이 걸린 셈이었다. 한참 동안 버스를 기다리다 결국 개인 봉고차 운전 아저씨의 차를 얻어 타고 국립공원에 도착했다.

주변을 둘러싼 마을도 한가하고 국립공원이라는 것이 무색할 만큼 개미 한 마리 보이지 않았다. 〈에콰도르에서 가장 외진 곳이며 쉽게 접근할 수 없는 야생지대로 희귀동물이 대거 보호되고 있는 지역〉이라는 책자의 설명에 수긍할 수밖에 없었다.

언덕에 조그만 사무소가 있어 들어가 보니 이곳을 지키는 앳된 외모의 청년이 한 명 있었다. 1박 2일 하이킹을 위해 우리들의 이름과 날짜 시간 등을 적었다. 원래 입장료가 있다고 들었는데 무슨 일인지 받지 않겠다고 했다.

힘들게 도착한 만큼 가방을 재정비하고 국립공원 입구에서 하이킹을 시작했다. 초반부터 길이 질퍽질퍽했다. 어제 비가 온 탓인지 아니면 이곳 지형이 원래 그런지 알 수 없었지만 제대로 걷기 쉽지 않았다. 그래도 국립공원 자체가 깊이 들어와서인지 벌써 풍경이 탁 트여서 콧속을 타고 시원한 공기가 흘렀다.

한참을 걷다 보니 두 갈래 길이 나왔다. 하나는 주변에 잔디가 우거진 넓고 잘 닦인 길이었다. 평지처럼 아주 평탄했다. 또 다른 하나는 좁고 험해 보이는 진흙 길이었다. 나는 당연히 잘 닦여있는 길로 가야 한다고 생각했다. 두 번째 길은 아무리 봐도 사람들이 잘 드나드는 길로 보이지 않았기 때문이다. 하지만 빌리의 생각은 달랐다. 사무실에서 챙겨온 지도를 보면 직진해야 하는데 두 번째 길은 오른쪽으로 꺾어가야 했기 때문이다. 다나도 내 의견에 동의했지만 빌리는 계속해서 우리를 설득했다. 잘 닦긴 길은 평지에 가까워서 가기는 쉽겠지만 삥 돌아가는 거라 오래 걸릴 거라고 했다.

국립공원이라 당연히 길을 알려주는 표지판이 쉽게 눈에 띌 줄 알았는데 그런 게 전혀 없었다. 우리가 의지할 수 있는 건 정말 간단하게 길이 표시된 지도와 우리들의 직감이었다. 우리는 한참 동안 고민하다 청일점 빌리를 믿어

보기로 했다. 사실 뭐 직진을 하던 오른쪽으로 꺾어가든 위로만 가면 결국 도착할 수 있을 거란 단순한 생각이었다. 하지만 누가 알았을까 이 순간의 선택이 불러올 우리의 처참하고 말도 안 되는 1박 2일을 말이다.

숲은 점점 정글처럼 빽빽해지고 길은 점점 폭이 좁아지고 있었다. 넘어지려 이리저리 조심이 발을 디뎠지만 결국엔 우리 모두 차례대로 퍼덕퍼덕 진흙길에 넘어지고 있었다. 누가 먼저랄 것도 없이 계속 뒤로 앞으로 넘어졌다. 초콜릿을 입힌 마시멜로처럼 이미 신발은 진흙으로 코팅되어있었고 진흙에 풍덩 담근 발은 점점 더 무거워졌다. 다나가 먼저 입을 열었다.

"아무래도 우리 길을 잘못 든 게 틀림없어. 아무리 올라가도 제대로 된 길 같지 않아. 사람이 지나간 흔적조차 없잖아."

빌리는 긴 한숨을 내쉬었다. 하지만 이내 성큼성큼 우리보다 먼저 앞장서 길을 올라가기 시작했다. 자신 때문에 이 길을 선택했는데 혹시나 아닐까 불안한 모양이었다. 나 역시 무거운 발을 이끌고 그를 묵묵히 따라 올라갔다. 그때 앞서가던 빌리가 우리에게 소리를 질렀다. 우거진 숲을 지나니 눈앞에 넓고 푸른 초원이 펼쳐져 있었다. 그곳엔 말들이 뛰어 놀고 있었다. 질펀한 진흙길만 가다가 잔디가 깔린 길을 밟으니 폭신폭신한 느낌이 너무 좋았다. 길이 전보다 훨씬 가팔랐지만 푹푹 빠지는 일도 미끄러질 일도 없어 오히려 나았다. 그렇게 여러 번 울타리를 넘고 또 넘었다.

간혹 말똥 같은 동물의 똥을 발견하거나 개 발자국 같은 것을 발견하면 우리는 어린아이처럼 기뻐했다. 동물이 지나간 자리라면 분명 사람도 있을 터였다. 그렇게 다시 2시간을 더 올라갔다. 우리의 계획대로라면 그리고 스테판이 알려준 정보에 의하면 지금쯤은 우리가 하룻밤을 보낼 산장에 도착해야 했다. 하지만 가도 가도 산장은커녕 개미새끼 한 마리 보이지 않았다. 다나가 빌리에게 화를 내기 시작했다.

"이건 정말 아니야. 아까 그 오른쪽 길로 갔어야 했어. 우린 길을 잘못 든 게 분명하다고."

빌리는 아무 말도 하지 못했다. 우리 모두 진작 알고 있었다. 우리는 산을 오르는 게 아니라 길을 잃고 산속을 헤매고 있다는 것을.

"나라고 그걸 알았겠어? 지도에서 직진하라고 하니까 이쪽 길로 온 거잖아. 어쩔 수 없었다고."

"네가 고집을 피워서 우리가 여기로 온 거잖아. 처음부터 나는 이 길이 아닌 줄 알고 있었어."

"그래서 지금 내 탓이라는 거야?"

"그럼 아냐?"

빌리가 고집을 부린 건 맞지만 결코 빌리의 잘못이 아니었다. 그 누구도 100% 확신을 할 수 없는 상황이었기 때문이다.

"지금 와서 그게 무슨 소용이야. 해가 지기 전에 얼른 산장을 찾지 않음 정말 큰일이야. 그만하고 어서 가자."

한참 또 산을 오르다 계곡 위에 놓인 외나무다리를 발견했다. 분명 사람들이 오고 다닌 다는 신호였다. 기쁜 마음으로 다리를 건너 다시 산 위를 올라갔다. 이번엔 목장을 발견했다. 왠지 희망이 보였다. 이곳에 목장이 있다면 분명 주인이 근처에 있을 것이다. 우리가 묵으려 했던 산장은 못 찾더라도 사람 사는 집 하나만 발견하면 밤은 지낼 수 있을 터였다. 우리 넷은 다시 한 번 힘을 냈다.

산을 오르다 잠시 멈추고 주변을 살피며 근처에 집이 있진 않은지 확인했다. 하지만 올라가고 또 올라가도 아무것도 나타나지 않았다. 아무것도 없었다. 저녁 7시였다. 이미 해는 저물었고 바람은 더 이상 시원하게 느껴지지 않았다. 우리는 그제야 인정할 수밖에 없었다. 길을 잃은 것이다. 오히려 마음이 편해졌다. 다나와 빌리는 더 이상 누구의 잘못인지 따지지 않았다. 그 보다 오늘 밤 우리가 잘 곳, 아니 쉬어갈 곳이 필요했다.

더 이상 이 어둠 속에서 길을 찾기란 불가능했다. 대신 우리는 올라오는 길에 봐뒀던 커다란 비닐을 떠올렸다. 그거면 우리 넷이 바닥에 깔고 누울 수는 있을 것 같았다. 우리는 편을 나누어 움직이기로 했다. 나와 다나가 밑에서 그 비닐을 가져올 동안 빌리와 릴리가 위로 좀 더 올라가 비닐을 깔고 누울 평지가 있는지 찾아보기로 했다.

정말 불빛 한 점 없이 깜깜한 산길이었다. 우리가 의지할 수 있는 거라곤 서로의 손과 다나가 가져온 조그만 손전등이었다. 어두운 가운데 가파른 절벽부분을 지나가기는 쉽지 않았다. 발 한번 잘못 딛으면 조난이 아니라 바로 추락이었다. 조심조심 다나의 뒤를 따라 발을 내딛었다. 그때 우리 앞에 반짝하고 무언가가 아른거렸다. 반딧불이었다. 그 와중에도 반딧불의 매혹적인 향연은 눈을 뗄 수 없을 만큼 아름다웠다. 초록색과 노란빛이 나는 오묘한 빛이었다. 비록 길을 밝힐 만큼 환한 빛은 아니었지만 산속에서 길을 잃고 헤매는 우리에겐 조금의 안도감을 선물해주었다.

결국 빌리와 릴리는 몸을 누힐만한 평지를 발견하지 못했다. 우리는 목장 근처로 내려가기로 했다. 그 부근에는 우리가 누울 만한 공간이 분명 있었기 때문이다. 1시간쯤 걸어올라 온 곳을 다시 되돌아가야 했다. 모든 걸 놓고 나니 오히려 마음은 편해졌다. 더 이상 산장을 찾아 헤맬 필요도 제대로 된 길이 맞는지 의심할 필요가 없었다. 마음을 비우고 나니 더 이상 조급하지도 불안하지도 않았다.

생각보다 평지는 넓었다. 문제는 그 평지에는 온통 소똥이 깔려있다는 사실이었다. 하지만 이 똥 저 똥 가릴 처지가 아닌지라 우선 제법 큰 돌들만 치워 땅을 고르게 만들고 소똥 위에 비닐을 깔았다. 그 위에는 침대시트를 한 장 깔았다. 산장이 춥다고 해서 챙겨온 침대시트와 담요 두개가 있었다. 정말 다행이었다.

무려 저녁 9시가 넘어가고 있었다. 우리는 자그마치 여덟 시간 동안 산을 헤매고 다닌 셈이었다. 자리를 잡고 나자 남아있던 긴장마저 모두 풀어졌다. 공복감이 요동쳤다. 칠흑 같은 어둠 속에서 밥을 먹으려면 빛이 필요했다. 다나와 빌리가 머리에 전등을 쓰고 우리는 저녁을 먹었다. 가져온 식빵에 찌그러진 아보카도를 발라먹고 달콤한 누텔라, 크림치즈도 발라먹었다. 다 같이 바나나도 나눠먹고 과자도 나눠먹었다. 지독한 냄새가 나는 소똥 위에서도 우리의 식욕은 놀라움 그 자체였다. 이게 바로 생존 본능인지 아니면 그냥 미련한 식탐인지는 중요하지 않았다.

"멍멍, 멍멍"

다나와 릴리, 빌리 모두 자지러졌다. 눈이 휘둥그레져서는 내게 앵콜 요청을 하고 있었다.

"뭐? 정말이야? 개가 어떻게 짖는다고?"

"멍멍"

"오 마이 갓! 뭐라고? 펑펑? 세상에 어떻게 그런 소리를 낸다는 거야? 그런 소리를 내는 강아지가 세상에 어디 있어?"

"어디 있긴? 우리나라 강아지들은 다 이렇게 소리 내는데? 멍멍, 멍멍!"

"푸하하하."

"거짓말! 말도 안 돼!"

　하루 종일 산에서 길을 잃고 헤매느라 잔뜩 지친 친구들을 위해 나는 우리나라 강아지 울음소리를 내며 분위기를 바꾸려 노력했다. 예상했던 것보다 반응들이 더 좋았다. 다들 기가 막혀 죽을 지경이었다.

　"그럼 다른 동물은? 다른 건 어때? 다른 것도 좀 알려줘."

　"음…… 뭐가 있지? 아, 소 울음소리는 음매~음매~"

　역시나 믿을 수 없다는 듯 고개를 내저으며 웃기 바빴다. 돼지는 '꿀꿀', 개구리는 '개굴개굴', 닭은 '꼬기오'라고 알려주니 거의 정신을 못 차릴 지경이다. 같은 동물인데 나라별로 다른 울음소리를 낸다는 사실이 신기했다.

　"안되겠어. 우리 모두 한국으로 가서 영어가 아니라 진짜 동물소리가 무엇인지부터 알려줘야겠어."

다나의 말에 나 역시 웃음을 참지 못했다.

살기 위해 네 명이서 샌드위치처럼 서로를 껴안고 잠이 들었다. 추위보다
는 소똥 냄새에 더 힘든 밤이었다.

새벽 6시에 눈이 떠졌다. 사실 제대로 잠을 자지도 못해 깼다는 표현
은 어울리지 않았다. 릴리의 빵으로 대충 아침을 해결했다. 따뜻한 오트밀 죽
이 그리워지는 순간이었다. 어제보다 더 무겁고 축축해진 차가운 신발과 양
말을 신고 하산을 시작했다. 내려가기는 훨씬 수월했다. 한 시간 반쯤 내려왔
을 때 처음으로 사람을 만났다. 당나귀와 개를 데리고 산을 오르는 아저씨였
다. 아저씨는 여기서 10분만 더 내려가면 산장이 있다고 말했다. 도저히 믿을
수 없었다.

"그럴 리가 없잖아. 멀리 올라 갈 것도 없이 그렇게 가까이에 있는데 우리
가 못 보고 지나친 거라고?"

그 아저씨가 허풍을 치는 거라고 생각했다. 1시간을 10분으로 줄이는 남
미 사람들 특유의 허풍 말이다.

조금 더 내려오니 조금씩 집들이 보이기 시작했다. 분명 올라올 땐 아니
었는데 아무래도 뭔가 이상했다. 결국 하산한지 두 시간도 채 되지 않아 우리
는 산에서 벗어났다. 허무했다. 우리 모두 얼떨떨한 기분을 떨칠 수 없었다. 점
점 더 많은 사람들이 보였다. 길 가던 한 아주머니는 우리를 보자마자 놀란 토
끼눈을 하셨다. 알고 보니 산장에 간다던 우리가 도착하지 않자 조난신고가
접수된 모양이었다. 결국 우리 때문에 경찰차와 구급차가 출동해 새벽 3시까
지 산속에서 수색 작업을 했다고 했다.

알고 보니 우리가 두 갈래 길 중 고민 했던 다른 길이 산장으로 이어지는 길이었다. 우리가 그만큼 빨리 하산할 수 있었던 이유도 마을이 모여 있는 반대 길로 내려왔기 때문이었다. 우리는 무작정 위로만 올라가느라 바로 옆에 있는 산장을 찾지 못한 거였다.

지나가는 차가 없어 우리는 무작정 걷기 시작했다. 일요일이라 버스가 없었다. 우리는 한참을 서성이다 한 아저씨의 우유 트럭을 얻어 탔다. 동네에서 우유를 모아다가 치즈를 만든다고 했다. 큰 우유탱크와 함께 트럭 짐칸에 타고 산을 내려왔다.

트럭 뒤에 타고 내려오면서 어제는 미처 보지 못한 상가이 국립공원의 아름다움이 눈에 들어오기 시작했다. 공기는 더 없이 맑았고 안개가 있긴 했지만 주변 풍경은 푸름이 넘쳤다. 이곳저곳에 들려 우유를 모으는 통에 시간은 더 걸렸지만 풍경을 감상하며 돌아오는 길은 소똥 위에서 잠을 자야 했던 어제를 보상해줄 만큼 황홀했다.

세상에서 가장 지독한 놈, 나쁜 놈, 이상한 놈

상황의 심각성을 깨달은 것은 무려 일주일이 지난 후였다. 아기 손톱 만하게 부어 오른 자국은 미치도록 가려웠다. 단순히 모기라고 대수롭지 않게 여겼는데 네다섯 개였던 자국이 수 십 개로 늘어나고 있었다. 가려움의 강도도 더 심해졌다. 피가 날 때까지 계속 긁어도 멈출 수 없었다.

베드벅이었다. 베드벅은 피를 빨아먹는 빈대 같은 벌레다. 남미여행을 하면서 조심해야 할 것 중 하나라고 들었던 그 공포의 벌레. 일렬종대로 나란히 여러 방을 무는 습성이 내 몸 그대로 남아있었다.

정말 지독한 놈들이었다. 그냥 한두 번 무는 게 아니라 온 몸을 돌아다니며 부위별로 자리를 옮겨 물었다. 주로 발목과 손목 그리고 배 부분과 등 부분이었다.

처음엔 당연히 모기라고 생각했다. 날씨가 추웠지만 아직까지 모기가 다니나 싶었다. 그래서 잘 때도 이불을 꽁꽁 덮어 내 다리가 모기에게 노출되지 않도록 신경 썼다. 하지만 소용없었다. 상황은 걷잡을 수 없을 만큼 심각해지고 있었다.

긁을수록 더 가려웠다. 피가 나도 긁었다. 더 이상 긁을 수 없을 때는 상처부위를 때리기 시작했다. 세균감염이고 뭐고 상관없었다. 그렇게라도 하지 않으면 잠시도 참을 수 없었다. 하지만 그것 역시 잠깐이었다. 가려움의 정도는 갈수록 심해져서 잠을 이룰 수 없었다. 아니 잠을 자기가 두려웠다. 아침에 일어나 보면 새로운 자국들이 무수히 늘어났기 때문이다.

처음엔 몸이 괴로웠는데 시간이 지나자 몸보다 정신적인 고통이 더 컸다. 물리지 않은 곳까지 가려운 것 같고 자꾸만 벌레가 내 온몸을 기어 다니는 상상이 됐다. 소름이 끼쳤다. 이 벌레는 내 몸이 아니라 내 정신을 갉아먹고 있었다.

처음에는 다리부터 시작해서 나중엔 배 부분까지 물린 자국이 늘어났다. 자국을 하도 긁다 보니 빨갛게 부어오르기 시작했다. 시간이 지나자 가슴까지 번지며 상황은 심각해졌다.

베드벅이라는 사실을 알고 나서는 잘 때 입는 옷뿐 아니라 옷장에 넣어 두고 입지 않는 옷들까지 죄다 꺼내 세탁을 하고 햇볕에 널었다. 베드벅에 물렸을 때 할 수 있는 가장 기본적인 조치였다. 그리곤 바닥을 쓸고 닦았다. 매트리스를 들어 청소를 하고 매트리스 끝부분에 베드벅이 기생하고 있진 않은지 꼼꼼히 살폈다.

그렇게 삼 주가 지났다. 이젠 새로 물린 곳이 어딘지조차 구별할 수 없을 지경이 되었다. 샤워를 하다 바라본 거울 속 내 모습은 소름이 돋을 정도로 혐오스러웠다. 하도 긁어서 검붉게 변한 자국들과 울퉁불퉁 돌기처럼 튀어나온 모습은 상상 이상으로 심각했다.

결국 울음을 터뜨리고 말았다. 더 이상 싸워볼 엄두가 나지 않을 정도로 처참했기 때문이다. 가장 심각한 곳은 바로 등허리 부분이었다. 얼마나 물렸는지 세어 본다는 게 무의미할 정도였다. 잘 때만이 아니었다. 낮에 학교수업을 하다가도 점심을 먹다가도 아니 그냥 길을 걷다가도 가려움에 옷을 들춰보면 그 자리엔 어김없이 새로운 자국들이 생겨났다. 하지만 눈을 씻고 찾아봐도 벌레는 보이지 않았다. 미칠 노릇이었다.

하루에도 네다섯 번 샤워를 하고 새 옷으로 갈아입었다. 하지만 소용없었다. 극심한 가려움을 참지 못해 울면서도 박박 몸을 긁어댔다. 긁고 또 긁다 보면 온몸이 빨개지고 부어올랐다. 물린 부위를 중심으로 몸에서 뜨거운 열이 올라왔다. 피가 나오고 딱지가 져도 긁고 또 긁었다. 그러다 고름이 생겨도 마찬가지로 긁어댔다. 생지옥이 따로 없었다. 주말을 맞아 친구들과 계획 했던 정글 여행도 취소했다. 바보같이 들릴지 모르겠지만 정말 삶 자체가 무의미해 보였다. 정말 그 정도로 괴로웠다. 도무지 다른 생각은 들지 않았다. 아이들을 가르치는 일도 남미 여행도 내겐 더 이상 의미가 없었다. 이대로 있다간 정말 미쳐버릴 것 같았다. 나는 아무것도 할 수 없었다. 그 눈에 보이지도 않을 만큼 작은 벌레 때문에 말이다.

더 미칠 것 같은 사실은 같은 공간에서 함께 지냄에도 불구하고 나 혼자만 베드벅의 공격대상이라는 사실이었다. 다른 봉사자들은 한두 방정도 물리다 마는데 나만 이렇게 끈질기게 공격해댔다. 정말 이상했다.

확실한 건 베드벅의 주요 공격대상이 여자라는 사실이었다. 로버트도 동의하고 있었다. 그의 말에 의하면 이곳에 오고 간 봉사자들 중 유독 여자 봉사자들만 베드벅으로 고생 했다고 말했다. 실제로 같은 방을 썼던 브랜다와 프란시스코도 언제나 브랜다만 베드벅 때문에 고생을 했다. 침대를 바꿔도 마찬가지였다. 하지만 이번엔 다른 여자 봉사자들은 다 멀쩡하고 유일한 동양인인 나만 그들의 먹잇감이었다. 참으로 이상한 놈이었다. 맨날 서양인들 피만 먹다가 동양인 피 맛을 보니 정말 신이 난 모양이었다.

나의 마지막 발악이 시작됐다. 우선 제일 먼저 도서관을 찾았다. 그리곤 인터넷으로 베드벅에 대한 정보를 수집하기 시작했다. 생각 보다 많은 사람들이 그들의 무자비한 공격으로 고생한 경험을 갖고 있었다. 한참을 찾다보니 베드벅이 화학적 향에 예민하다는 정보를 발견했다. 어쩌면 화장품이나 향수 때문에 남자보다 여자를 많이 무는지도 몰랐다. 그렇다면 왜 많은 여자들 중 유독 나만 무는 것일까? 나의 추측은 바로 화장품이었다. 아무리 생각해도 다른 여자 봉사자들과 내가 다른 점은 그것뿐이었다. 대부분의 여자봉사자들은 세안을 하든 밖에 나가든 기껏해야 선크림을 바르는 게 전부였다. 하지만 나의 경우는 아침, 저녁으로 스킨, 로션을 챙겨 바르고 샤워 후 바디크림도 바르고 있었다. 한번은 목에 바디크림을 바르고 잤는데 그 다음날 목 부분에 수십 개의 베드벅 자국이 새로 생겼었다. 아무래도 화장품 향인 것 같았다.

그 날 이후 나와 베드벅의 전쟁이 시작되었다. 특별할 건 없었다. 단지 계속해서 옷가지와 침대 시트를 빨고 햇볕에 말렸다. 바닥을 쓸고 닦고 하며 방을 언제나 깨끗하게 청소했다. 옷을 갈아입을 때는 방안이 아니라 마당 구석 사각지대에서 갈아입었다. 혹시 옷에 남아 있을 벌레가 다시 방에 들어올지 모른다는 생각이었다. 그래서 샤워를 할 때도 옷을 입은 채 아주 뜨거운 물로 내 몸을 삶는 듯 소독 했다. 샤워를 하면서 옷을 벗고 미리 준비한 양동이에 옷을 넣어 다시 한 번 뜨거운 물에 오래 넣어 놨다. 당연히 샴푸나 비누조차 사용하지 않았다. 향이 나는 제품은 절대 쓰지 않았다. 오로지 물로만 씻었다. 더 이상 선크림이나 스킨, 로션 따위는 챙겨 바르지도 않았다.

아침, 저녁으로 침대 주변에 약을 뿌리고 잤다. 틈이 날 때마다 살라사카 마을 보건소에서 받아온 독한 약을 온몸에 발랐다. 심지어 잠을 잘 때는 불을 켜고 잤다. 밝은 빛을 싫어하는 베드버그의 습성 때문이었다. 처음에는 불빛 때문에 제대로 잠을 잘 수 없었지만 점차 익숙해졌다. 아니, 베드버그만 없앨 수 있다면 그 어떤 고통도 견뎌낼 자신이 있었다.

결국 한달 만에 나는 베드버그와의 그 질긴 인연의 고리를 끊을 수 있었다. 더 이상 내 몸에 물 곳이 없어서인지, 내 피 맛에 질린 건지, 아니면 내가 시도한 온갖 방법이 제대로 먹힌 건지는 알 수 없으나 내 인생에서 만난 가장 지독한 놈이었다는 사실은 확실하다.

짝퉁 태권도

수업시간에는 군것질을 못하게 했다. 하지만 하지 말라고 하지 않을 아이들이 아니다. 내가 칠판에 글을 적는 사이 주머니에 있는 군것질 거리를 재빨리 입안에 털어놓고 오물거리거나 의자 뒤에 걸어놓은 가방 안에서 무언가를 꺼내먹기도 했다. 그럴 때는 그냥 모르는 척 못 본 척 넘어갔다. 하지 말라고 하긴 했지만 이것이 아이들에게는 얼마나 괴로운 일인지 잘 알고 있기 때문이다. 그래서 한 가지 규칙을 정했다. 수업시간에 먹고 싶으면 반 친구들과 공평하게 나눠먹어야 한다는 거였다.

2반에서 수학 수업을 하고 있었다. 똑순이 프란체스카가 나를 불렀다.

"선생님, 세사르 좀 보세요. 수업시간에 사탕을 먹으려고 해요."

세사르는 막대사탕 한 개를 만지작거리다 프란체스카에게 원망의 눈초리를 보내고 있었다.

"아니에요. 친구들과 나눠먹으려고 했어요."

173

주머니에서 막대사탕을 꺼낸 세사르는 책상서랍에 사탕을 두드리기 시작했다. 백 원짜리 동전만한 작은 막대사탕이 새 모이만큼 조그만 조각으로 잘게 부서졌다. 세사르는 그 사탕조각을 반 친구들 손에 조금씩 나눠준 뒤 나에게도 한 조각 쥐어주었다. 그제야 꼬맹이들은 그 작디작은 사탕조각을 입에 넣고 싱글벙글 이었다.

우리나라 아이들 못지않게 여기 아이들도 군것질을 참 좋아한다. 학교 앞에 불량식품을 파는 문구점도 없고 떡볶이 같은 길거리 음식도 없어 대부분의 군것질거리는 집에서 가져온 것들이었다. 새침데기 유치부 막내 누스타는 가끔 하얀 찐 밥을 비닐봉지에 싸가지고 왔다. 봉지에 그 조그만 손을 넣고 한 움큼 집더니 입에 넣고 오물조물 거렸다. 맛있냐고 물어보니 밥풀이 입가에 묻은 지도 모르고 배시시 고개를 끄덕였다. 초콜릿, 사탕도 아니고 쌀밥을 간식으로 먹는 모습을 보니 한국에서 내가 누리는 풍요로움이 얼마나 큰 건지 새삼 느낄 수 있었다. 그래서 아이들을 위해 나는 가끔 쿠키를 구워갔다. 그 흔한 초콜릿도 넣지 않고 바나나로만 만든 바나나쿠키였다. 눈대중 손대중으로 만들어 모양도 투박하고 설탕 없이 만들어 달지도 않았다. 하지만 아이들에게는 더없이 맛있는 간식이었다.

"선생님, 프란체스카가 밑에 쿠키를 숨겨놨어요."

쿠키를 숨겨놓고 하나를 더 달라며 다시 손을 내미는 프란체시카를 향해 아이들이 눈을 흘기고 있었다. 프란체스카는 멋쩍은 웃음을 지으며 쿠키를 다시 꺼내놓았다. 쿠키 하나에 고자질 하는 모습까지 귀여운 아이들이었다.

교감선생님인 후안이 나를 불러 세웠다. 좀처럼 없는 일이라 갑자기 불안해졌다.

"이번 주 금요일 아침 조회시간에 아이들에게 태권도를 가르쳐주세요."

너무 갑작스러운 아니 너무 뜬금 없는 소리였다. 물론 쿵푸를 가르쳐달라는 것보단 덜 황당하지만 밑도 끝도 없이 태권도 수업을 맡으라니.

"네? 태권도요? 전 태권도 할 줄 모르는데요?"

"그럴리가요. 아이들이 선생님한테 태권도를 배웠다고 자랑하던데요?"

지난번 아이들에게 우리나라에 대해 이야기 하다 태권도를 보여주겠다면서 허공에 발을 몇 번 차긴 했는데 그게 후안 귀까지 들어간 모양이었다. 가르쳐준 게 아니라 그냥 조금 따라한 거라고 설명해도 후안은 내게 태권도 수업을 권유, 아니 강요했다.

"어렵게 생각할거 없어요. 그때 아이들에게 보여준 것처럼만 하면 되요."

더군다나 그냥 한 반도 아니고 전체학급을 대상으로 수업을 하라고 했다. 당황해서 제대로 말이 나오질 않았다.

"그럼, 그렇게 알고 있을게요."

그는 안 된다는 나의 외침을 깡그리 무시한 채 홀연히 사라졌다. 태권도가 우리나라의 자랑스러운 대표 스포츠이긴 하나 그렇다고 태어날 때부터 모두 띠 하나씩 차고 태어나는 것도 아니고 눈앞이 깜깜했다.

학교가 끝나고 한참을 걸어 바로 도서관으로 향했다. 그리곤 인터넷을 통해 태권도 기본기, 기본동작 등을 검색하기 시작했다. 두 시간 동안 태권도에 대한 자료를 찾아다녔지만 글로 또 사진으로만 태권도를 배우긴 쉽지 않았다. 하는 수 없이 사진 몇 장을 통해 익힌 동작들과 나의 상상력을 조금 동원하여 태권도 수업 준비를 마쳤다. 사실을 바탕으로 하지만 허구와 팩트의 비율이 80대 20이었다. 분명 가짜 태권도가 될게 뻔했지만 어쩔 수 없었다. 이곳에서는 짝퉁도 진품이 될 수 있다. 진짜를 본적이 없는 사람들은 내 짝퉁 태권도를 제대로 된 한국산 전통 무예로 생각할 것이다. 내가 한국 사람이니 그렇게 생각할 수밖에 없다. 우리나라 사람이 전통 이태리 방식으로 구운 피자보다 이탈리아 사람이 대충 만든 피자 빵이 더 그럴 듯 해 보이는 것도 다 원산지에 대한 믿음 때문이다. 나는 태권도의 원산지에서 태어난 대한민국 국민이다. 나의 어설픈 발차기도 그들에겐 태권도의 정석처럼 보일 것이다. 이렇게 생각하니 갑자기 막 자신감이 솟았다. 주먹이 불끈 쥐어지고 갑자기 저 높이 발차기를 하고 싶은 지경이었다. 나는 어느새 태권도 검은 띠가 되어있었다.

결국 아이들을 모두 데리고 학교 뒷산으로 갔다. 내 짝퉁 태권도를 선보이기 위해서였다. 아이들은 야외 수업에 신이 나고 또 태권도를 배운다는 말에 즐거워했다.

아이들을 들판에 일렬로 새워놓고 보니 갑자기 긴장이 몰려왔다. 아이들의 눈은 모두 나를 향해있었다. 아이들을 인솔하기 위해 따라온 빌리와 젬마까지 나를 뚫어져라 쳐다보고 있었다.

우선 기본인사를 가르쳤다. 고개를 숙이는 목례가 생소한 아이들에게는 인사도 신기한 모양이었다. 아이들의 두 눈이 반짝거렸다. 다리를 양 옆으로 벌리고 꽉 쥔 주먹을 힘껏 앞으로 내밀었다. '태권'하고 짧고 강하게 소리를 질렀다. 아이들은 '따권'이라고 외치며 나를 따라했다. 아이들은 정말 진지한 모습으로 수업에 임했다. 지금까지 수업을 하면서 아이들이 이렇게까지 수업에 열중하는 모습 본적이 없었다. 그 모습에 '풉'하고 웃음이 나기도 하고 한편으로는 너무 미안했다.

'이렇게 열심히 배울만한 게 아닌데……'

마치 사기꾼이 된 느낌이 들어 양심이 쿡쿡 거렸다.

"자, 이렇게 강한 눈빛으로 상대방을 쳐다봐야해. 알겠니? 두 눈을 똑바로 뜨고 상대를 바라보는 거야."

검지와 중지를 눈에 가져다 대면서 아이들에게 강조하듯 말했더니 아이들은 그것마저 따라하고 있었다. 아이들에겐 내 동작 하나하나가 모두 태권도 동작이었다.

이번엔 발차기였다. 갑자기 발차기를 선보이려하니 왼쪽으로 차야할지 오른쪽으로 차야할지도 감이 오지 않았다. 각도는 비스듬히 꺾어야할지 완전히 옆으로 틀어야할지 조차 헷갈렸다.

'뭐 어때, 발차기는 높이 차면 장땡이지.'

"허잇"

정체모를 기합을 넣고 하늘높이 하이 킥을 날렸다. 자세가 어떻게 보일진 모르겠지만 내 스스로가 만족할 만큼 꽤 높이 올라갔다. 아이들이 '우와'하며 눈을 동그랗게 뜨는 모습을 보니 자세도 나쁘지 않은 것 같다.

아이들은 나를 따라하며 저마다 최선을 다해 발차기를 시도했다. 강렬한 눈빛은 물론 기합도 빼먹지 않았다. 아이들이 입을 맞춰 '태권'을 외치고 있었다. 물론 저마다 다른 발음으로 말이다. 하지만 그건 중요하지 않았다. 그저 유난히 파란하늘 위로 울려 퍼지는 그 '태권'이란 단어가 참 뿌듯하게 들렸다.

우물 안의 개구리는 우물 밖으로 나와서야 자신이 사는 우물을 제대로 볼 수 있다. 밖을 나오기 전까지는 내가 어디에 살고 있는지 어떤 집에 살고 있는지 절대 알수 없다. 나 역시 그랬다. 나는 한국을 나와서야 점점 우리나라를 알아가고 있었다. 그것이 비록 어설프고 황당하고 조금 대충일지라도 우물 안에서보다 나는 훨씬 높이, 그리고 멀리 뛰어가고 있었다.

폭풍눈물의 세레모니

학교에서의 마지막 날이었다. 평소보다 일찍 아침을 먹고 젬마와 함께 길을 나섰다. 오늘은 바로 학교로 가지 않고 도서관 옆 마리오씨네 구멍가게로 가야했다. 아이들은 매일 아침 스쿨버스를 타고 등교하고 있었다. 사실 스쿨버스는 아니고 스쿨트럭이었다. 마지막 날이라 조금이라도 아이들과 함께 하기 위해 나도 스쿨트럭을 타고 아이들과 학교로 갈 계획이었다.

도서관 근처에 있는 유치부 세바스티안의 집에 먼저 들렸다. 세바스티안이 3주째 학교에 나오지 않고 있었기 때문이다. 더 이상 유치부 선생님은 아니지만 걱정이 되었다.

"이곳 부모님들은 아이들의 교육에 별 관심이 없어요. 학교는 가도 그만 안가도 그만이라고 생각하죠. 그래서 아이들을 학교에 잘 보내지 않아요. 세바스티안이 학교에 나오지 않는 것도 그리 놀라운 일이 아녜요."

걱정스러움에 유치부 선생님들께 말을 했지만 대수롭지 않다는 반응이었다. 그래서 내가 직접 세바스티안을 데리러 온 것이다.

"세바스티안에게 무슨 문제가 있나요? 혹시 아픈 건가요? 갑자기 학교에 보내지 않는 이유가 뭐죠?"

세바스티안의 엄마는 세바스티안을 학교에 데려다줄 사람이 없어서라고 대답 했다. 그 동안은 안토니오가 세바스티안을 데려가고 데려다주고 했는데 안토니오가 학교를 그만두게 되면서 세바스티안 역시 학교를 갈 수 없었다는 거였다. 뜻밖의 대답이었다. 데려다 줄 사람이 없어 아이를 학교에 보내지 않는다니 참 당황스러운 이유였다.

'배움'은 이곳 사람들에게 그리 중요한 일이 아니었다. 과한 교육열 때문에 사회적 문제가 많은 우리나라와는 정 반대의 경우였다.

"지금 세바스티안을 볼 수 있을까요?"

끈질긴 요청 끝에 세바스티안을 만날 수 있었다. 세바스티안은 짧아진 머리 때문인지 부쩍 어른스러워보였지만 특유의 큰 눈망울과 수줍은 미소는 여전했다.

"학교 왜 안 와? 친구들 안 보고 싶어?"

대답 대신 몸을 베베 꼬며 웃기만 했다. 뭔가를 더 배우기 위해서가 아니라 또래 친구들과 어울리기 위해서라도 세바스티안이 꼭 돌아와야 했다. 결국 젬마가 매일 세바스티안을 데리고 등하교하기로 약속했다. 그렇게라도 세바스티안이 학교에 나온다면 다행이었다.

7시가 조금 지났다. 구멍가게 주인인 마리오씨의 트럭을 타고 아이들을 태우러 나섰다. 가장 먼저 도착한 곳은 2반의 개구쟁이 세사르 집이었다. 세사르는 아침이라 잠이 덜 깬 건지 평소보다 얌전했다. 다음은 3반의 조용한 숙녀 리히아. 그리고 살라시카의 미녀 세 자매 3반 세실리아와 2반 프란시스카 그리고 막내 누스타가 트럭 위에 올라섰다.

아이들은 울퉁불퉁한 길 때문에 트럭이 출렁일 때마다 까르르 웃어가며 즐거워했다. 이런 아이들을 보면 흐뭇하고 즐겁다가도 이렇게 즐거운 등교 길도 오늘이 마지막이라는 생각에 마냥 좋지만은 않았다.

2반 케빈은 나를 보자마자 저만치서부터 뛰어와 안겼다. 오늘은 머리에 젤을 발라 멋을 낸 모습이었다. 그렇게 아이들을 모두 태우고 학교로 가는 길, 오늘은 쌀쌀하지도 않고 유난히 날이 맑았다. 에콰도르에서 유명한 코토팍시, 침보라소 그리고 퉁가루아 화산 세 개가 모두 깨끗하게 보일 정도였다.

점심을 먹고 쉬는 시간이었다. 아이들이 정신없이 뛰어놀고 있었다. 3반 루이가 다가와 내 얼굴에 뭐가 묻었다며 손으로 닦아주었다. 아이들이 내 얼굴을 보며 키득키득 웃기 시작했다. 내 얼굴에 밀가루를 묻힌 것이다.

모두들 카니발 기간을 즐기고 있었다. 카니발 기간에는 남녀노소 할 것 없이 물 풍선을 던지고 물총을 쏘며 장난을 치기 바빴다. 학교 아이들 역시 집에서 밀가루를 가지고와 장난을 치고 있었다.

2반 케빈에게 밀가루를 얻어 나 역시 아이들 얼굴에 밀가루를 묻히기 시작했다. 아이들은 소리를 지르며 도망 다녔다. 밀가루를 던지고 묻히고 밀가루로 얼굴과 머리카락이 엉망이 되었지만 아이들과 함께 신이 났다. 아이들이 합심을 해 내게 밀가루를 묻히면 나도 아이들을 쫓기 바빴고 교실이며 언덕으로 도망가는 아이들을 잡느라 한 참을 뛰어다녔다. 아이들을 선동해 스테판에게 밀가루를 묻히게 했고 스테판까지 합세한 밀가루 싸움으로 학교는 시끌벅적했다. 아이들의 웃음소리가 온 학교에 울려 퍼지고 있었다. 사랑스러움이 가득한 웃음소리였다.

쉬는 시간이 끝난 지 한참 뒤에도 다시 수업을 시작하는 분위기가 아니었다. 다들 교실대신 잔디밭으로 모여들었다. 오후 수업이 없는 나는 급식실 앞 벤치에 앉아 있다가 무슨 일인가 하고 아이들을 따라가 보았다. 잔디밭에는 아이들과 학교 선생님, 그리고 다른 봉사자 선생님들이 둘러앉아 있었다.

다름이 아니라 나를 위한 자리를 마련해준 거였다. 엉겁결에 앞으로 나갔는데 학교 관리자 후안이 2반 아드리안을 불러냈고 아드리안은 내 이름이 적힌 학교 기념 목걸이를 내 목에 걸어주었다. 그때였다. 아드리안의 얼굴을 마주한 순간 갑자기 눈물이 쏟아지기 시작했다. 정말 말도 안될 만큼 뚝뚝 떨어져 내 자신조차 당황스러웠다. 내 눈물샘에는 기승전결 따윈 없는 모양이었다.

"자, 여길 좀 봐. 아니, 얼굴이 안보이니까 카메라 쪽을 쳐다보라고."

상황을 모르는 젬마는 내 사진을 찍겠다고 계속 소리를 지르고 있었다.

"울고 있는 거 안보여?"

빌라는 젬마에게 핀잔을 주고 있었다. 내가 고개를 들자 그제야 내가 울고 있다는 것을 알아채고는 젬마가 놀란 토끼 눈으로 다가와 나를 다독여줬다.

내 슬픔을 최고조로 만든 건 아이들이었다. 한 명 두 명 아니 아이들이 떼를 지어 나에게 다가왔고 자신의 손 편지를 내밀었다. 직접 종이를 자르고 색칠한 예쁜 카드였다. 이젠 엉엉 소리까지 내며 울고 있었다. 아이들이 다가와 내 얼굴을 매만지며 눈물을 닦아줬다. 내가 주저앉아서 하도 펑펑 울었더니 아이들까지 눈물을 글썽였다. 3반 아라셀리는 내게 뭔가 말하고 있었다. 하지만 나는 알아듣지 못했다.

"언제 다시 돌아올 거냐고 묻는데?"

옆에 있던 젬마가 말을 전했다. 나는 아무 말도 할수 없었다. 차마 다시 돌

아오겠다는 뻔한 거짓말조차 할 수 없었다.

말썽쟁이 리마이가 내 얼굴을 쓰다듬었다. 유치부를 맡았을 때 나를 가장 힘들게 했던 유치부 꼬맹이였다. 수업시간에 제자리에 앉아있지도 않고 내 말도 안 듣는 '작은 악마'였다. 하지만 가장 마지막까지 내 곁에서 내 눈물을 닦아주고 안아준 사람이 바로 리마이였다. 잠깐이라도 속으로 미워했던 사실이 너무 미안했다.

"그 동안 이곳에 있으면서 수많은 봉사자들의 작별 세레모니를 봐왔지만 오늘처럼 감동적인적은 없었어. 넌 정말 좋겠다. 아이들이 정말 널 많이 사랑하나봐."

눈물을 그치고 보니 사실 슬퍼서보다 행복함의 눈물이라는 표현이 더 맞았다. 아이들 때문에 너무 행복해서 눈물이 났다. 그걸 눈앞에 마주하니 격해진 것뿐이었다. 눈물이 그치고 나니 계속 미소가 지어졌다. 정말 세상을 다 가진 기분이었다. 아이들에게 받은 사랑은 지난날 내가 이곳에 와서 힘들었던 그 모든 순간을 보상해줄 만큼 달콤했다.

마지막 날인만큼 나는 엘리자베스까지 숙소로 초대했다. 오늘의 메뉴는 스크램블 샌드위치였다. 채식주의자인 릴리를 고려해 고기대신 스크램블을 넣는 메뉴였다. 우선 야채부터 손질했다. 토마토와 양파를 얇게 자르고 양상추를 알맞은 크기로 잘랐다. 아보카도는 반은 얇게 자르고 또 반은 으깼다. 우유를 살짝 넣은 계란으로 부드러운 스크램블을 만들고 단골빵집에서 사온 곡물 바게트를 오븐에 구웠다.

샌드위치 준비를 끝내고 감자들을 껍질 채 주사위 모양으로 작게 잘랐다. 카레가루와 소금 후추 등으로 간을 하고 올리브 오일을 듬뿍 뿌려 오븐에 넣었다. 남은 양상추는 모두 잘게 뜯어 남은 토마토와 양파를 넣고 레몬즙과 올리브 오일 그리고 고수를 뿌려 큰 볼 안에 먹음직스러운 샐러드로 완성했다.

봉사자 친구들과 로버트가 도착하고 조금 있다 엘리자베스가 도착했다. 그녀의 사촌오빠도 함께였다. 젬마의 도움으로 준비된 재료를 빵에 넣기 시작했다. 한쪽엔 으깬 아보카도를 듬뿍 바르고 또 한쪽에는 내가 만든 허니 머스터드소스를 발랐다. 이소스는 파인애플 잼을 넣어 달콤하고 새콤한 맛을 배가시킨 나의 야심작이었다. 그 위에 양상추, 토마토, 양파, 스크램블 그리고 썰어놓은 아보카도를 차례로 올렸다. 생각보다 속 재료가 많아서 아주 푸짐한 샌드위치가 완성되었다. 신선한 야채샐러드와 연기가 모락모락 나는 잘 구워진 양념 감자구이 그리고 오늘의 메인인 샌드위치를 모두 차려냈다. 모두들 환호를 했다.

"자, 내가 준비한 마지막 저녁식사야. 얼른 먹어봐."

"잠깐! 잠깐!"

젬마가 모두를 멈춰 세웠다. 그녀는 카메라를 꺼내더니 내가 만든 음식 사진을 찍기 시작했다. 빌리 역시 핸드폰으로 사진을 찍고 있었다.

"네가 준비한 마지막 음식인데 사진은 찍어놔야지."

"이제 밥 먹기 전에 사진 찍는 사람 없어서 허전하겠다."

릴리가 장난스레 말했다.

"걱정 마. 앞으로는 내가 애리 대신 음식 사진을 찍을 거야."

젬마가 내게 싱긋 윙크 하며 말했다.

엘리자베스는 예쁜 가방과 손 편지를 마지막 선물로 건넸다. 그녀가 직접 편지를 읽어줬는데 갑자기 로버트가 눈물을 훔치기 시작했다. 그의 눈물에 우리 모두 당황했다. 그 동안 단 한 번도 그의 눈물을 보지 못했기 때문이다. 로버트뿐만 아니라 모두들 엘리자베스의 편지에 감동을 받은 표정이었다. 정작 편지의 주인공인 나만 편지를 이해하지 못했다. 웃기다고 해야 할지 슬프다고 해야 할지 모를 일이었다.

물벼락과 함께한 이별

오늘의 계획 : 모두에게 인사를 하고 정들었던 살라사카를 떠나 바뇨스로 간다. 가볍게 온천을 즐기고 단골 카페에서 초콜릿 밀크셰이크와 브라우니를 먹으며 영화 감상을 한다. 저녁에는 단골 레스토랑에서 그린 커리 파니니를 먹고 암바토로 가서 쿠엔카행 버스를 잡아탄다.

오늘 아침에도 로버트는 오트밀 죽을 끓이고 있었다. 여전히 누가 먹을지 모를 만큼 엄청난 양이었다. 파넬라 설탕 두 스푼과 바나나 한 개 그리고 시나몬 가루를 넣어 오트밀 죽을 맛있게 먹었다. 따뜻하고 달콤한 오트밀 죽을 경멸했던 이곳에서의 첫 날이 떠올라 웃음이 나왔다.

결코 불가능하다고 생각했던 이곳에서의 삼 개월이 모두 끝났다. 상상도 어려울 만큼 난 이곳이 싫었고 절대 버틸 수 없을 것 같았다. 물론, 여전히 이곳 환경은 처음만큼 더럽고 제대로 된 게 없다. 모든 것이 그대로지만 나는 변해있었다.

　이것도 싫고 저것도 싫다고 불평하던 나는 이제 지루 할 만큼 조용한 이 마을을 사랑하고 있었다. 이곳에서의 모든 것이 믿을 수 없을 만큼 내 마음속 깊이 들어와 있었다. 하지만 오늘로서 이 모든 것 들을 정리해야한다. 그리고 떠나야한다.

　로버트와 마지막 포옹을 했다. 우리 할아버지처럼 푸근하기도 하고 때론 감독관처럼 엄격했던 그였다. 모두가 학교로 떠난 뒤 나는 짐정리를 시작했다. 선생님이 그리울 거예요, 우리를 잊지 마세요, 사랑해요 선생님, 꼬물꼬물한 글씨로 적은 아이들의 편지를 가장 먼저 챙겼다.

　짐이 엄청난지라 도로까지 내려가는데도 한참이 걸렸다. 캐리어를 끌고 움푹 파인 흙길을 걷기가 쉽지 않았다. 매일 탔지만 이제는 마지막이 될 트럭 뒤에 타고 시내로 달려갔다. '카니발' 축제기간이라 동네 아이들이 도로변에 숨어서 지나가는 사람들에게 물을 뿌리고 있었다. 거의 3미터 마다 아이들이 물 양동이와 물 풍선을 들고 표적을 기다리고 있었다. 몸을 웅크리고 자세를 낮춰가며 피해봤지만 달리는 트럭 뒤에서 어김없이 물벼락을 맞아야 했다.

　마지막으로 엘리자베스 가족을 만나러 부모님 집에 들렀다. 나는 최대한 밝은 모습으로 부모님께 인사했다. 하지만 엘리자베스 어머니는 벌써 어두운 표정을 짓고 계셨다.

　사실 나는 엘리자베스 부모님과 제대로 이야기를 나눈 적도 없었다. 내 스페인어가 짧다보니 제대로 의사소통이 불가했다. 기껏해야 바디 랭귀지와 눈치로 알아듣는 거였다. 하지만 두 분 모두 나를 딸처럼 아껴주셨고 나 역시 진짜 가족처럼 느끼고 있었다. 부모님 뿐 아니라 엘리자베스 가족 모두와 친척까지 그랬다. 그 사실을 너무 잘 알고 있기에 나 역시 떠나는 마음이 편치 않았다. 결국 어머니가 눈물을 보이셨다. 간신히 참고 있던 나도 울음이 터졌고 엘리자베스와 언니 소피아마저 눈물을 흘렸다. 그렇게 가족들과 마지막 인사를 하고 나오는데 그제야 젖은 내 가방 안에 내 넷북이 들어있다는 사실을 깨달았다. 부랴부랴 가방을 열었지만 넷북은 이미 사망한 뒤였다.

그럼 그렇지. 살라사카가 날 고이 보내줄리 없었다. 새하얗게 질린 나를 진정시킨 건 엘리자베스였다. 그녀는 침착하게 컴퓨터 배터리를 분리시키고 드라이기를 이용해 컴퓨터를 말리기 시작했다. 컴퓨터에 저장해 놓은 사진이 문제였다. 아이들의 모습이 담긴 동영상과 사진들을 다 날리게 생겼으니 미칠 노릇이었다. 한국이었다면 재빨리 지식인을 검색하고 수리 점에 맡길 텐데 이곳은 무려 살라사카였다.

"분명히 방법이 있을 거야. 잠깐만 기다려봐."

엘리자베스는 나를 진정시키고 어딘가로 전화를 걸었다. 기계를 다룰 줄 아는 친구에게 물어 보는 것 같았다. 엘리자베스는 이 컴퓨터를 친구에게 보내야 한다고 말했다. 다른 방법이 없어 고개를 끄덕였다.

결국 그 꼬마들의 물 풍선 때문에 바뇨스에서 마지막 시간을 보내려던 나의 계획은 산산이 부서졌다. 그 꼬마들의 개구쟁이 같은 미소가 악마의 미소로 보이기 시작했다. 당장 사건현장으로 뛰어가 그 꼬마들에게 물 풍선 몇 개를 있는 힘껏 던져주고 싶었다.

오후 여섯시가 넘어서야 잠에서 깨어났다. 아직 내 컴퓨터는 돌아오지 못한 상태였다. 마음의 준비를 해야겠다고는 생각했지만 아이들 사진을 생각하니 또 다시 마음이 부글거렸다. 그녀의 친구가 컴퓨터를 가지고 왔다. 모니터 안에 물이 들어가 빛 번짐과 물 얼룩이 있었지만 다행히 화면도 보이고 있었다.

　나는 바뇨스 행을 포기하고 엘리자베스 가족과 마지막 시간을 보내기로 했다. 마지막으로 가족들과 저녁 식사를 하고 이야기를 나눴다. 가족 모두 졸린 눈을 비비며 저녁 10시 버스를 함께 기다려줬다. 그리고 온 가족이 함께 암바토로 향했다. 혼자 가겠다고 했지만 끝까지 배웅을 하고 싶다며 따라오셨다. 엘리자베스 가족에게 끼치는 마지막 민폐였다.

　암바토에서 쿠엔카행 버스에 올랐다. 차마 떠나지 못하고 나에게 손을 흔드는 가족들이 보였다. 아까는 울었지만 이제는 서로 웃고 있었다. 떠나야하는 아쉬움보다 고마움이 컸다.

　차안도 창밖도 모두 깜깜한 저녁이었다. 누런 주황빛의 가로등만이 도로를 비추고 있었다. 멍하니 창밖을 바라보며 엘리자베스와 그녀의 가족을 떠올렸다.

처음엔 그들의 호의를 이해할 수 없었다. 아니, 지금 생각해도 그들이 보여준 호의는 머리로는 도무지 이해가 되질 않는다. 내가 그들에게 해준 게 아무것도 없기 때문이다. 말이 통하지 않아 대답은 못하고 대신 맨날 웃을 뿐이었다. 같이 놀러가자고 해도 구체적으로 묻지도 못하고 그냥 졸졸 따라다녔다. 밥을 차려주면 맛있게 먹고 또 웃었다. 아, 쓰다 보니 내가 너무 바보 같아서 안쓰러움에 잘해준 걸지도 모르겠다. 아무튼 나는 이렇게 그들의 호의를 넙죽넙죽 잘 받았다. 학교가 끝나면 종종 엘리자베스 부모님 집에 놀러가 아버지랑 성룡 영화를 보기도 하고 가족들과 함께 저녁도 먹고 그곳에서 자고 갈 때도 많았다. 내가 베드벅으로 고생할 때는 어머니가 나를 위해 직접 약을 만들어 주고 아예 숙소 말고 집에서 함께 지내자고 말씀하실 정도였다.

엘리자베스네가 경제적으로 넉넉한 것도 아니었다. 팔릴레오 길거리에서 직접 만든 목도리, 장갑, 모자 등을 팔아 생계를 유지하고 있었고 자릿세 5달러를 내고 버는 돈은 하루 10달러 정도였다. 그럼에도 마음만큼은 언제나 풍요로웠다.

분명 우린 말이 통하진 않았다. 하지만 충분히 서로의 진심을 느낄 수 있었다. 손을 맞잡을 때, 또 서로의 눈을 바라볼 때, 나는 그들의 진심을 느꼈고 그들도 분명 내 진심을 알아챘다. 한 마디 말없이도 말이다. 사람이니까, 사람이기에 알 수밖에 없다고 생각한다. 이 사람이 진심이면 나도 진심으로 대하게 되고 이 사람이 가식이면 아무리 진심인척 해도 티가 날 수밖에 없다. 똑똑하든 멍청하든 사람이라면 그건 다 알 수밖에 없다. 그렇기 때문에 그들과 대화를 나누진 못해도 마음을 나눌 순 있는 것이리라.

나는 그들을 가슴에 담고 눈을 감았다. 쿠엔카까지는 7시간이 걸릴 것이다. 잠을 자야했다. 에어컨의 강한 바람이 버스 안을 차갑게 에워쌌다. 닭살이 돋았지만 왠지 모르게 가슴 한구석이 따뜻해졌다.

맛없는 남미 쌀로 맛있는 밥 짓는 방법

Cooking Rice

남미 쌀은 찰기가 없고 힘없이 흩어지는 쌀이기 때문에 우리 식으로 남미 쌀을 조리하면 죽이 되기 쉽다. 나 역시 살라사카에서 그룹디너를 준비할 때 이 놈의 쌀밥을 제대로 짓는 게 참 어려웠다. 한국에서는 매끼 밥을 먹는다고 해놓고 제대로 밥도 짓지 못하니 얼마나 놀림을 받았는지 모른다. 그때마다 "한국에는 밥을 지어주는 최첨단 전기밥솥이 있단 말이야." 는 말로 변명을 하곤 했다.

해외에 나가보면 대부분 우리와는 다른 찰기 없는 쌀을 먹는다. 이런 외국쌀을 조리할 때 엘리자베스의 레시피를 이용해보자. 반질반질 윤이 흐르고 씹을수록 고소한 쌀밥을 맛볼 수 있을 것이다.

※ 재료

쌀, 소금, 식용유 적당히

1. 쌀을 프라이팬에 5분정도 달달 볶는다.
2. 냄비에 쌀과 물을 1:3비율로 넣고 소금 한꼬집 넣고 15~20분간 센 불에 끓인다.
3. 물을 모두 따라낸다.
4. 식용유를 적당히 대충 뿌리고 쌀과 골고루 섞어 뚜껑을 덮은 채
   가장 약한 불에 15~20분간 뜸 들이면 완성!

◈ Tip

- 시간에 관계없이 살짝 바닥이 누를 때까지 나두면 고소한 누룽지 스타일의 밥을
  먹을 수 있다.
- 밥을 지을 때 식용유를 첨가 한다는 게 참 이상했는데 밥에 윤기도 나고 고소해져
  밥맛이 훨씬 좋아진다. 물론, 식용유를 적당히 넣는 것이 핵심이다.
  그렇지 않으면 밥맛이 느끼해질 수 있다. 다만 그 '적당히'가 얼마나 적당히 인지는
  나도 적당히 배워서 잘 모르겠다.

BUEN PROVECHO!

제3장 페 루
PERU

보일러 판매왕 김제동

오전 일찍 리마 버스터미널에 도착했다. 택시를 타야했다. 하지만 그럴 수 없었다. 택시비가 터무니없이 비쌌기 때문이다. 또 외국인이라고 바가지를 씌우나보다 싶어 근무를 서고 있는 경찰에게 물어봤다. 그는 말없이 옆에 있는 표지판을 가리켰다. 목적지를 지역별로로 나누어 정찰제 요금을 적어놓은 표지판이었다.

새로운 나라 혹은 도시에 도착할 때 웬만하면 택시를 타고 이동하지만 그럼에도 불구하고 왠지 이건 너무 비싸다는 생각을 지울 수 없었다. 이럴 때야말로 혼자 여행하는 게 그렇게 아쉬울 수 없다. 혼자 타나 둘이 타나 요금은 똑같은데 그걸 혼자 내야하니 너무 아깝다. 나는 차마 택시를 잡아타지 못하고 짐을 질질 끌고 터미널 밖으로 나왔다. 어느 곳을 가나 공항이나 터미널 안에서 택시를 타면 좀 더 비싸기 때문이다.

밖으로 나와 보니 어느 노부부가 택시를 잡으려 손짓을 하고 있었다.

"저기, 혹시 택시 타시는 거면 저랑 합승하실래요? 저는 '미라플로레스'까지 가는데 택시요금이 조금 비싸서요."

정말 스스로가 생각해도 무식하게 용감해졌다. 다행히 그 부부도 근처 동네까지 간다고 했다. 나는 정확히 반 가격에 택시를 탈 수 있었다.

택시를 타고 숙소로 가는 길, 창밖으로 보이는 리마의 모습은 놀라움 그 자체였다. 에콰도르에서 페루로 넘어오는 내내 사막 같은 모래언덕만 가득했는데 리마의 신시가지는 전혀 다른 분위기였다. 세련된 고층 빌딩이 즐비하고 알록달록 화려한 외제차들이 거리를 활보하며 사람들의 차림새 또한 고급스러웠다. 넓게 펼쳐진 해변은 마치 미국 드라마 CSI 마이애미를 보는 듯 했다.

여행을 하면서 한국식당, 한인 숙소는 물론 한국인들이 많은 숙소는 되도록 찾아가지 않는 편이다. 도대체 언제부터 생겨 난지 모를 내 여행 원칙 중 하나였다. 하지만 이번엔 아니었다. 여행 원칙이고 뭐고 특별한 예외가 필요했다.

나는 무려 남미여행 4개월 차에 접어들고 있었고 윤미언니와 경화언니를 끝으로 한국 사람을 전혀 만나지 못하고 있었다. 한국음식 없이 한국사람 없이도 여행만 잘 할 수 있다고 큰소릴 쳤지만 그것도 정도껏이지 이렇게까지는 아니었다. 단순히 혼자라서, 혼자이기 때문에 누구에서 털어놓을 수 없었을 뿐, 나는 우리 음식이, 우리말이, 아니 우리 사람이 그리웠다. 그래서 일부러 찾은 숙소였다. 한국인이 운영하는 한인 숙소는 아니지만 한국인에게 특히 친절하기로 유명해 한국인 전용 숙소로 불리고 있었다. 한국인들 사이에서 입소문을 타면서 한국 여행객들에게는 특별 가격까지 제공하고 있었다.

"한국분이시죠? 이 쪽이에요. 이쪽!"

택시에서 발을 내딛자마자 그가 이층에서 나를 향해 손을 흔들었다. 그러더니 한 걸음에 밖으로 내려와 택시 트렁크에서 내 짐을 꺼내들고 위층으로 올라가기 시작했다. 정말 순식간이었다. 당황스러움에 이러지도 저러지도 못하고 그가 올라가는 모습을 넋 놓고 지켜봤다.

'이건 뭐지?'

몇 초가 지나서야 나는 바쁜 걸음으로 그를 따라 올라갔다. 괜히 이상한 남자 때문에 정신이 빠져 다른 곳을 찾은 건 아닌지 걱정했지만 다행히 내가 찾던 숙소가 맞았다.

'한국인 사이에서 유명하다더니 이젠 한국인 직원이 따로 있나보군.'

아니었다. 사실 그 역시 이 숙소에 묵고 있는 투숙객일 뿐이었다. 이 숙소 관계자와는 아무상관도 없는 사람이었다.

'돈이 없어서 이렇게 방값을 버는 건가?'

그것도 아니었다. 그는 그저 나만큼, 아니 어쩌면 나보다 더 오지랖이 넓을 뿐이었다. 내게는 참 이상한 사람이었지만 숙소 입장에서는 참으로 고마운 투숙객이었다. 어쨌든 나를 이곳으로 유치했으니 말이다.

왠지 모르게 낯이 익었다. 나는 왠지 그를 이미 오래전부터 알고 있는 듯했다. 분명 처음 보는 사람인데도 오래 알아 온 것 같은 친근함이 느껴졌다. '한걸음에 뛰쳐나와 반겨줘서 그런가?' 싶었는데 그게 아니었다. 연예인 '김제동'을 빼닮은 외모 때문이었다. 단순히 외모만 닮은 게 아니었다. 그의 말투와 언변은 마치 김제동에 빙의한 듯 보였다. 이야기를 듣고 있다 보면 빠져드는 느낌이 들었다. 아니나 다를까 그는 보통사람들과는 조금 다른 독특한 이력을 가지고 있었다.

캐나다로 워킹홀리데이를 떠난 것까지는 평범한데 그곳에서 보일러 방문판매를 한 점은 보통사람과 달라도 한참 달랐다. 그는 스스로가 인정하듯 영어를 잘하지 못했다. 보일러 방문 판매 일을 시작할 때는 더 못했고 말이다.

"그럼 도대체 어떻게 합격한 거죠? 인터뷰는 본거죠?"

영어도 못하는 사람이 보일러 판매 회사에 지원한 것도 웃기고 그 사람을 합격시킨 회사도 웃기다는 생각이 들었다.

"안 그래도 영어도 못하는 동양인이 보일러를 팔겠다고 지원하니까 황당해 하더군. 그 회사에 지원한 외국인은 나 하나뿐이었거든."

그는 면접관에게 오히려 반문 했다.

"당신은 한국어를 할 수 있습니까?"

황당해 하는 면접관을 향해 펼쳐놓은 그의 논리는 이러했다.

캐나다에는 상당수의 한인교포가 있으며 이들은 이 회사의 엄청난 잠재고객이다. 한국인들은 자신들만의 네트워크를 구축해 끈끈한 유대관계를 이루고 사는데 자신을 고용하면 이러한 한인교포 시장을 쉽게 뚫을 수 있다. 자신이 영어에 서툰 것은 사실이지만 한국어 하나는 유창하게 구사한다. 나아가 중국인, 일본인과 같은 아시아인을 타깃으로 할 때 같은 아시아인인 자신이 좀 더 판매에 유리할 것이라는 논리였다. 어이가 없을 정도로 뻔뻔한 대답이지만 듣고 보니 또 그럴듯한 이야기였다. 더군다나 자신은 기본급 대신 판매수당으로 월급을 받겠다고 했단다. 도대체 영어도 못하는 사람이 저런 말은 영어로 어떻게 했는지 궁금했다. 또 어디서 저런 말도 되지 않는 자신감이 나오는 건지 신기했다. 결국 그는 합격했고 함께 고용된 캐나다 사람들과 나란한 위치에서 보일러 판매를 시작했다.

예상은 했지만 역시 쉽지 않았다. 그것도 그럴 것이 그가 파는 제품은 사탕이나 쿠키도 아니고 무려 보일러였다. 결국 한 대도 팔지 못한 그는 한국식 방법을 적용했다. 판매왕 동료에게 밥과 술을 사면서 조금씩 노하우를 배운 것이다. 아예 자신의 한계를 인정하고 주변에 도움을 요청했다. 이런 노력 끝에 조금씩 보일러를 팔기 시작했고 그게 꽤나 괜찮은 벌이로 이어져 이렇게 남미여행까지 온 것이다.

처음에는 그냥 깔깔 웃으면서 이야기를 들었는데 생각할수록 대단하다는 생각이 들었다. 능력이 부족하다고 시도조차 안하는 사람이 대부분인데 맨땅에 헤딩이라도 해보는 그의 용기가 놀라웠다. 나도 모르게 존경어린 눈으로 그를 보게 되었다. 허허, 웃는 그는 웃음소리조차 김제동과 똑 닮아있었다. 나는 인터넷으로 김제동에게 남동생이 없다는 사실을 확인하고서야 그가 김제동의 동생이 아니라는 결론을 내릴 수 있었다. 겉모습은 여전히 허술해보였으나 그가 품고 있을 엄청난 내공에 겁이 났다.

베사메무초

"제가 좀 길치라서요."

이렇게 말하면 돌아오는 반응은 이러하다.

"어머, 그런 사람이 남미는 어떻게 갔어요?"

나도 그게 신기하다. 이 좁은 한국에서도 길을 잃고 헤매는 내가 그 넓은 남미를 휘젓고 다녔다는 게 말이다. 생각해보니 저 말도 거짓말이다. '좀'이 아니라 '완전히'다. 자랑은 아니지만 난 심각할 정도로 방향 감각이 없다. 나침반도 볼 줄 모르고 지리에 약해 지도를 봐도 통 모르겠다. 내가 학창시절을 보내고 지금도 살고 있는 고향에서 나는 여전히 길을 헤맨다. 중학생 때는 스쿨버스에서 잘못 내려 결국 교복을 입고 경찰차에 운반되어 집으로 돌아온 일이 있다.

자, 이번엔 남미이다. 국외로 나간다고 없던 방향감각이 생기진 않을 터. 그 어느 곳에서나 진득하게 쭉 길을 잃어온 나는 페루 리마에서도 마찬가지였다. 항상 숙소로 돌아오는 게 문제였다. 신시가지의 골목들은 왜 이리 다 비슷한지 여기가 거기 같고 거기도 거기 같았다. 숙소 밖을 혼자 나섰다하면 난 또 길을 잃었다. 고이 숙소로 돌아오는 법이 없었다. 분명 숙소 이름과 주소를 알고 있고 골목 구석구석이 표시된 지도도 갖고 있었지만 길을 잃고 나면 아무 소용이 없었다. 그때마다 나를 직접 데려다준 사람들은 모두 길을 가던 행인들이었다.

어느 날, 또 길을 잃고 숙소를 찾던 나는 인상 좋아 보이는 한 할아버지에게 길을 물었다. 워낙 잘 사는 동네라 이곳 주민들 모두 잘 차려입은 사람들이 대부분인데 이 할아버지 역시 부티가 줄줄 흐르는 분이셨다. 내가 서툰 스페인어로 상황을 설명하자 선뜻 직접 데려다주시겠다며 앞장을 섰다. 할아버지는 잠시도 쉬지 않고 내게 질문을 던지셨다. 내가 알아듣지 못할 만큼 많은 질문이었다. 내가 답을 하지 못하고 어색함에 웃기만 하면 할아버지는 영어로 다시 질문하셨다. 잠깐 미국에서 사셨다더니 영어도 유창했다. 그렇게 이야기를 나누다보니 어느새 숙소 앞에 도착할 수 있었다. 감사의 인사를 드리고 숙소로 올라가려는데 할아버지께서 나를 불러 세웠다. 환하게 웃는 얼굴로 양 팔을 벌리셨다. 나 역시 환하게 웃으며 포옹을 해드렸다.

"Un beso(뽀뽀)"

이번엔 뽀뽀였다. 남미에서는 양 볼에 혹은 한쪽 볼에 살짝 볼 뽀뽀를 하기에 나는 별다른 생각 없이 할아버지에게 다가갔다. 할아버지는 여전히 인자한 미소를 짓고 계셨다. 그리곤 순식간에 할아버지의 입술은 내 입술에 닿아있었다. 얼음이 된 나와 달리 할아버지는 웃고 계셨다. 그리곤 아주 흡족한 얼굴로 되돌아가셨다. 나는 한동안 할아버지의 뒷모습을 바라보며 그 자리에 굳어 있었다.

빈털터리 아가씨

　시끄러운 소리에 눈이 떠졌다. 한 여자가 보였다. 그녀는 1층 침대에 걸터앉아 김제동 오빠와 이야기를 나누고 있었다. 짧은 단발머리에 까무잡잡한 피부의 그녀는 꽤 날카로운 눈빛까지 갖고 있었다. 아무래도 베테랑 여행자임이 분명했다.

　그녀는 빈털터리였다. 큰 배낭을 통째로 도둑맞았기 때문이다. 에콰도르 리오밤바에서 페루 행 버스를 기다리며 커피숍에 앉아있었다고 했다. 그저 커피 한잔을 홀짝이고 있는데 어느 순간 옆에 놓아둔 배낭이 사라진 것이다. 그녀는 아직도 믿기지 않는다고 했다. 기가 막힐 노릇이었다.

　여행을 하며 카메라를 도둑맞은 일, 지갑을 소매치기 당한일 등 여러 도난사고들을 들어왔지만 그녀처럼 배낭가방을 통째로 잃어버린 경우는 처음이었다. 듣는 나도 황당하고 어이없는데 당한 그녀는 오죽했을까? 나라면 그냥 정이 뚝 떨어져 여행이고 뭐시고 다 포기하고 한국으로 돌아갔을 것이다.

하지만 그녀는 달랐다. 처음엔 갈아입을 옷도 당장 씻을 비누 하나도 없어 막막했는데 좀 지내다 보니 그냥 저냥 살게 되더란다. 여행사진이 담긴 외장하드를 생각하면 가슴이 아프지만 그 외의 것들은 모두 다시 구할 수 있는 것이니 괜찮다고 말하는 그녀.

"무거운 배낭이 없으니 몸이 얼마나 가볍고 편한지 몰라. 이제 더 이상 잃어버릴게 없으니 도둑맞을까 신경 쓸 일도 없고."

어떻게 이런 재수 없는 상황을 그렇게 긍정적으로 받아들일 수 있는지 존경스러웠다. 분명 보통 내공으로 상상할 수 없는 쿨한 태도였다. 아니나 다를까 그녀는 남미 뿐 아니라 세계를 여행하고 있었다. 혼자서 세계여행을 한다는 것도 놀라웠지만 그보다 그녀의 나이에 더 놀랐다. 나랑 비슷한 또래인줄 알았는데 그녀는 무려 30대를 훌쩍 넘은 후반의 나이었다. 내가 타고난 노안이라면 그녀는 정말 타고난 동안의 외모를 갖고 있었다. 화장은 고사하고 로션도 잘 바르지 않는다는 그녀의 피부는 반짝반짝 빛을 내고 있었다. 처음엔 차가워 보이고 무서운 인상을 가졌다고 생각했는데 다시 보니 빈털터리 그녀가 참 예뻐 보였다.

분명 그녀는 나와 달랐다. 외모도 성격도 그리고 여행을 하는 방식까지 말이다. 그래서 그녀와 나는 그저 스쳐가는 인연이라고 생각했다. 하지만 착각이었다. 그녀는 남미 여행 내내 내 주위를 맴돌았다.(물론 이것은 철저히 내 관점에서 이야기 하는 것임을 밝혀둔다)

그녀는 내 여행에 많은 영향을 끼쳤다. 그것이 긍정적이었는지 부정적이었는지는 추후 얘기하도록 하겠다. 한 가지 분명한 건, 그녀 덕에 그 어디에서도 경험할 수 없는 아찔한 순간들을 마주해야 했다는 사실이다.

굿바이 투 마이 로맨스

　　여행을 하다보면 다양한 사람들을 만나고 다양한 국적의 사람들을 만나면서 나라별 이미지를 갖게 된다. 이 나라 사람들은 이렇고 저 나라 사람들은 저렇고 하면서 경험에 의한 이미지가 적립되는 것이다. 그러다 보면 나랑 잘 맞는 나라도 있고 좀 성향이 안 맞는 나라도 생기기 마련이다. 내 경우 독일인에게 우호적인 감정이 있고 프랑스인과는 잘 어울리지 못했다.

　　내가 만난 대부분의 프랑스인들은 꽤나 직설적이었다. 자기주장이 강하고 지나치다 싶을 정도로 솔직했다. 한번은 한 프랑스 여자가 내 나이를 물은 적이 있다. 그녀는 놀랍다는 표정을 지으며 적어도 30대는 된 줄 알았다고 했다. 그 때 내 나이 고작 만 21살이었다. 나도 내가 노안인걸 알고 있었지만 그걸 굳이 친절히 짚어 주는 그녀가 고마워 미칠 지경이었다.

　　그 뒤로 만난 다른 프랑스인들도 대부분 저런 식이었다. 그들은 입에 송곳이라도 장착한 듯 무척이나 날카롭고 직설적이었다. 그러다보니 나는 의식적으로든 무의식적으로든 최대한 프랑스인들과는 어울리지 않으려 애썼다.

반면 여행을 하며 만난 독일인들은 내 마음에 쏙 들었다. 맥주로 매일 단련을 한 덕분인지 술을 먹고 취한 모습을 보이지도 않고 광란의 파티를 하며 놀지도 혹은 지나치게 말이 많지도 않았다. 지극히 나만의 개인적인 경험을 토대로 만들어진 이미지 이지만 어쨌든 내게 독일인은 건실한 청년과 같은 이미지였다. 페루 나스카에서 만난 데이빗 역시 그러했다.

세계 7대 불가사의 중 하나인 나스카라인을 보기 위해 나스카에 도착했다. 물론 정말 나스카 라인을 보기 위해서는 아니었다. 나스카 라인이 불가사의든 아니든 애초부터 별 관심이 없었다. 그러니 나스카 라인을 보기 위해서가 아니라 그저 '아레키파'라는 도시를 가기 위해 잠시 들린 거라고 말해야 할 듯 싶다.

단지 환승을 위해 들리긴 했지만 어쨌든 구경정도는 해야 했다. 투어대신 혼자서 나스카라인을 구경하고 싶어 나스카 시내에 위치한 관광 정보 센터를 찾았다. 그곳에 데이빗이 있었다. 훤칠한 키와 부드럽고 선한 미소, 거기에 유창한 영어와 스페인어까지, 그는 그곳에서 일하고 있는 수많은 현지인 사이에서도 한 눈에 띄었다. 물론 그건 그가 외국인이기 때문이기도 했다.

"여기에 오는 동양인들 대부분 여행사를 통해서 나스카 라인을 보러가. 그래서 이곳을 찾을 일이 없지. 너 같은 동양인은 처음 봐."

"그건 대부분 일본인이나 중국인일거야. 나같이 진취적인 한국인은 그런 투어 따윈 하지 않아."

돈이 없다는 소리는 못하고 뻔뻔하게 대답을 하니 당황한 그가 한참을 웃었다. 웃는 모습도 멋있었다. 데이빗은 나 혼자 나스카 라인을 둘러볼 수 있도록 교통편을 꼼꼼하게 알려주었다. 그의 자상한 설명이 이어졌다. 하지만 나스카 라인은 이미 내 관심 밖이었다. 전혀 궁금하지도 않았지만 그는 내가 묻지 않은 설명까지 늘어놓고 있었다.

"많은 사람들이 나스카 라인을 위해 이곳을 찾지만 사실 거기 말고도 괜찮은 관광지가 꽤 많아. 자, 여기 이 지도를 보면 말이지……"

열정적으로 이 곳 저 곳 지도에 표시를 하며 설명하는 데이빗, 나는 그의 설명에 좀처럼 집중 할 수 없었다. 그의 감미로운 목소리가 내 귓가를 맴돌 뿐이었다.

"음…… 그렇구나."

"…… 좋네. 아, 정말?"

"어? 괜찮은데?"

나는 대충 고개를 끄덕이며 그의 설명에 집중하는 척 했다. 물론 집중이 될 리 없었다. 대충 그가 하는 말에 호응을 하며 그를 쳐다볼 뿐이었다. 그의 눈을 바라보다 그와 눈이 마주치면 괜히 멋쩍은 웃음을 지었다. 그럴 때마다 그는 더 환하게 웃어주었다. 그렇게 한참동안 이어진 설명이 모두 끝났다. 그는 볼펜으로 이 곳 저 곳 표시 된 지도를 접어 내게 건넸다.

나는 지도를 넘겨받고 고민하기 시작했다.

"저기…… 있잖아."

차마 발길을 돌리지 못하고 그에게 다시 말을 걸었다.

"저기…… 데이빗!"

"응?"

그가 나를 쳐다보고 있었다. 가슴이 두근거렸다.

"……"

"…… 여기 근처에 맛있는 아이스크림 가게는 없니?"

아, 고작 생각해 낸 질문이 아이스크림, 아이스크림이라니…… 내 스스로가 원망스러워지는 순간이었다.

"아하하, 내가 아이스크림을 워낙 좋아해서 말이야. 난 하루라도 아이스크림을 먹지 않으면 입안에 가시가 돋거든. 하하, 웃기지?"

'입을 닫으란 말이야. 차라리 말을 하지 말라고!'

내 스스로 내 입을 틀어막고 싶었다. 하지만 이미 통제 불가였다.

"내가 제일 좋아하는 아이스크림은 코코넛 맛인데 말이야…… 어쩌고저쩌고."

도대체 내가 무슨 말을 하고 있는지 나도 모를 지경이었다. 부끄러움에 몸서리가 쳐졌다. 하지만 민망함에 자꾸 헛말이 튀어나왔다.

갑작스럽고 엉뚱한 내 질문에 데이빗도 조금 당황한 눈치였다. 하지만 이내 다시 그 환한 미소를 보여주며 내게 또 차근차근 설명하기 시작했다. 다시 지도를 펴고 아주 진지하게 말이다.

"사실 나도 엄청나게까지 맛있는 아이스크림 집은 잘 모르겠어. 그래도 몇 군데 괜찮은 곳이 있긴 해. 자, 우선 여기에 가면 말이야……"

평소라면 열심히 귀를 기울이며 들었겠지만 사실 정말 알고 싶어서 한 질문이 아니기에 나는 또 대충 고개를 끄덕였다.

결국 나는 아이스크림 가게에 대한 장황한 설명을 듣고서야 그곳을 나왔다. 그와 헤어지는 게 아쉬웠다. 하지만 그렇다고 여기 맛있는 빵집은 없니? 괜찮은 피자집은? 식의 질문을 계속 할 수도 없는 노릇이었다.

그가 알려 준대로 나스카 시내에서 조금 떨어진 버스 정류장에서 나스카 라인 전망대로 가는 버스를 잡아탔다. 버스는 만석이었지만 나 같은 외국인 관광객은 보이지 않았다. 모두들 투어회사로 따로 움직이기 때문이었다. 고속도로에 들어서고 얼마 지나지 않아 버스기사 아저씨가 내게 손짓했다. 여기서 내리라는 말이었다. 나는 잠시 주춤했다. 황량한 도로 한 가운데에서 내리란 말에 당황스러웠다. 더군다나 나 말곤 아무도 따라 내리지 않았다. 버스에 탄 사람 모두 나처럼 전망대에 가는 줄 알았는데 그게 아니라 다른 도시로 가는 길에 전망대를 지나가는 것뿐이었다.

어쨌든 내가 내린 황량한 도로 한 가운데 더 황량하기 이를 데 없는 초라한 전망대 하나가 우뚝 솟아 있었다.

'아니, 이게 그 유명한 나스카 라인이라고?'

당황스러웠다. 아무리 그래도 그렇지 이렇게 황량할 수가. 내가 혹시 잘못 찾은 건 아닌지 의심이 될 정도였다. 도무지 유명한 관광지로는 상상할 수 없는 모습이었다.

'에잇, 뭐 어때. 내가 이거 보고 싶어서 여기까지 온 것도 아니고.'

처음부터 나스카 라인에 대한 궁금증이 새똥만큼도 없었던 터라 이내 실망감도 접었다.

입장료를 내고 전망대에 오르기 시작했다. 왠지 금방이라도 폭삭 주저앉을 듯 부실해보였다.

처음에는 그냥 광활하고 황량한 벌판밖에 보이지 않았다. 하지만 눈으로 흐릿한 선을 따라가다 보니 조금씩 나스카의 지상화가 눈에 들어오기 시작했다. 하지만 역시나 별 다른 감동은 없었다. 전망대에서 볼 수 있는 지상화는 고작 2~3개에 지나지 않았기 때문이다. 하지만 땅위에 그려진 그림들이 어떻게 이렇게 오랫동안 보존될 수 있는지는 참 신기했다.

시내로 돌아오니 오전과는 다른 분위기의 나스카가 있었다. 축제가 열리고 있었기 때문이다. 마침 세계댄스페스티벌 첫날이라고 했다. 덕분에 야외 무대 앞은 물론 공원 전체가 사람들로 가득했다. 모두들 축제 분위기로 무척이나 흥겨운 모습이었다.

각 나라 대표들의 댄스공연이 시작되었다. 말 그대로 '전 세계'에서 모인 팀들이 자신의 나라를 대표해 전통춤을 선보이는 자리였다. 아쉽게 우리나라 팀은 보이지 않았지만 그래도 세계 각국의 전통 춤을 구경할 수 있어 재미있었다. 그저 조용하고 잔잔한 줄만 알았던 나스카에서 뜻밖의 즐거움을 마주한 것이다. 한참을 푹 빠져 무대를 바라보는데 익숙한 얼굴이 내 앞으로 다가왔다. 데이빗이었다.

"어……?"

방긋 웃고 있는 그를 보자마자 나 역시 활짝 미소가 지어졌다. 마치 오래 알고 지낸 친구를 만난 듯 기뻤다.

"퇴근하는 길인데 네가 보이더라고. 나스카 전망대는 잘 갔다 왔어?"

자연스럽게 우리는 함께 공연을 관람했다. 물론 관람보다는 서로 이야기를 나누느라 정신이 없었다. 대화를 나누며 알게 된 사실은 그 역시 남미를 여행 중인 여행객이라는 사실이었다. 어쩌다보니 나스카에 6개월을 머물며 일하고 있다고 했다.

그와 함께 남미여행에 관한 이야기를 하며 서로의 경험담과 좋아하는 장소에 대해 이야기 했다. 그는 영어와 스페인어 모두 원어민에 가까울 정도로 완벽하게 구사했지만 아직도 많이 부족하다며 부끄러워했다.

'겸손하기까지 하다니……'

그는 말을 잘하는데 멈추지 않고 아주 잘 들어주는 자상함이 있었다. 그가 특별히 재미있는 이야기를 하지 않아도 괜히 웃음이 났다. 처음 만난 그에게 어떠한 어색함도 느낄 수 없었다. 신기했다. 할 말을 애써 찾을 필요도 없이 끊임없이 이야기를 나눴다. 시간가는 줄 모를 정도였다.

축제의 열기가 점점 달아오르고 있었다. 이미 날은 저물어 깜깜한 밤이되었고 더 많은 사람들이 모여들고 있었다. 많은 인파 탓에 이리저리 치이고 앉을 곳도 없어 계속 서 있어야 했지만 이상하게 다리가 아프거나 앞이 보이지 않아 짜증이 나지도 않았다.

"팝콘 먹을래?"

자상하고 배려심 깊은 그는 내가 공연을 잘 볼 수 있도록 자리를 찾아주고 사진도 찍어주며 우연히 만난 그의 친구들도 소개해줬다. 그와 함께하는 시간이 좋았다. 우리는 끊임없이 대화를 나눴지만 그래도 할 말은 줄어들지 않았다. 함께 대화 할수록 말이 잘 통한다는 느낌이 들었다. 고작 몇 시간 전에 처음 만났다는 사실이 믿기지 않을 정도였다. 하지만 나는 이내 불안해졌다. 시간이 갈수록 조금씩 그와의 대화에 집중을 할 수 없었다. 자꾸만 손목시계에 눈이 갔다. 시간은 벌써 저녁 9시를 가리키고 있었다.

"왜 그래? 무슨 일 있어?"

나의 불안함을 눈치 챈 데이빗이 조심스럽게 물었다.

"그게…… 사실은 나 이제 가봐야 해."

그랬다. 나는 곧 나스카를 떠나야했다. 애초부터 나스카는 아레키파를 가기 위한 환승지일 뿐이었다. 나는 오늘 밤 아레키파로 떠나야했다.

당황한 데이빗의 눈빛을 읽을 수 있었다. 괜스레 미안한 마음이 들었다. 버스시간은 저녁 10시였다. 적어도 30분 전에는 미리 터미널로 가야했다.

"그래서…… 지금 간다는 거야?"

"응. 그래야 할 것 같아."

나는 내가 언제부터 이렇게 준비성이 철저한 사람이었는지 왜 미리 버스표를 끊어놓은 건지 내 스스로를 책망하며 말했다.

"음…… 그렇구나. 그런데 말이야. 그렇게 일찍 갈 필요가 있을까? 어차피 버스 터미널도 가깝잖아. 아직 남아있는 공연도 많고……"

그의 말을 기다리기라도 한 듯 나 역시 바로 맞장구 쳤다.

"하긴, 그렇지? 뭐, 미리 갈 필요는 없는 것 같아. 공연도 이렇게 재미있는데……"

나는 애써 웃으며 그를 향해 고개를 끄덕였다.

다시 공연을 보기 시작했지만 이상하게 시간은 평소보다 3배 이상 빨리 흐르고 있었다. 어느새 9시 50분이었다.

"데이빗, 이젠 정말 가야할 것 같아."

신데렐라가 따로 없었다.

"벌써? 이런, 음…… 어쩌지? 음…… 이건 어때? 택시를 타고 가면 여기서 터미널까지 5분도 안 걸려. 그러니까 조금만 더 있다 가자. 딱 5분만 더. 내가 데려다 줄게 걱정 마. 그리고 너도 알다시피 대부분 정각에 출발하지도 않아."

나는 다시 고개를 끄덕였다. 5분, 이제 딱 5분이 남아있는 셈이었다. 자꾸만 손목시계에 눈이 갔다. 어차피 공연은 눈에 들어오지도 않았다. 하지만 그럼에도 불구하고 도저히 자리를 뜰 수 없었다. 불안했다. 그것이 버스를 놓칠까봐 인지 아니면 다른 것 때문인지는 확실치 않았다. 다만, 째깍째깍 무심히 흘러가는 시간이 안타까울 뿐이었다.

9시 55분이었다.

"데이빗, 이젠 정말 안 되겠어. 이러다 버스를 놓치고 말거야."

불안함에 발을 동동 굴렸다. 그제야 우리는 택시를 잡기 위해 거리로 나섰다. 하지만 공연 때문에 길을 모두 막아놓은 상태였다. 도저히 택시를 잡을 수 없었다.

"어쩌지?"

가슴이 뛰기 시작했다. 이러다간 정말 버스를 놓치고 말 것이다. 우리는 터미널을 향해 뛰기 시작했다. 거리에는 차도 사람도 보이지 않았다. 모두들 흥겨운 축제에 푹 빠져있었다. 무대와 멀어지면서 조금씩 화려한 불빛도 사라지고 있었다. 시끄러운 음향소리도 엷게 흩어졌다. 거리엔 흐릿한 주황색 가로등 불빛만 가득했다. 늦은 저녁시간임에도 공기는 무척이나 따스했다. 마치 시간이 멈춘 듯 고요한 저녁이었다.

정말 한 끝 차이로 떠나려는 버스를 간신히 붙잡을 수 있었다. 그런데 버스를 붙잡고도 어째 기분이 좋질 않았다. 숨을 헐떡거리며 어렵게 붙잡았는데, 분명 운이 좋다고 표현해야 하는 일인데, 막상 버스를 붙잡고 보니 왜 이리 허무하던지.

'오늘은 정말 쓸데없이 운이 좋구나.'

나는 데이빗과 마지막 포옹을 나누고 마지막 승객으로 버스에 올랐다. 데이빗은 내게 손을 흔들었다. 나는 최대한 밝게 웃으려 노력했다. 하지만 그와의 헤어짐이 아쉬운 건 어쩔 수 없었다.

손을 흔들었다. 버스가 터미널을 빠져나가고 한참을 지나서도 아쉬움에 손을 내릴 수 없었다. 별 볼일 없다고 생각했던 나스카를 떠나는 것이 이처럼 아쉽고 힘들 줄 생각지 못했다. 데이빗이 아니었다면 절대 느끼지 못했을 아쉬움이었다.

독일인 분석자료, 오류판정

페루 아레키파에 도착하자마자 나는 또 다른 독일인을 만났다. 바로 토비였다. 토비는 아레키파 숙소에서 만난 한국인, 영훈 오빠의 친구였다.

둘은 한 달 동안 같이 아레키파의 어학원에서 스페인어를 공부했다고 했다. 입술의 피어싱 때문이었을까? 토비의 첫인상은 사실 내가 갖고 있던 전형적인 독일인의 모습과는 너무 달랐다. 말투역시 그랬다. 뭐랄까, 조금 건방져 보였다. 하지만 나는 애써 그의 '독특함'을 부정하려 애썼다. 데이빗에게 받았던 좋은 이미지를 포함해 내가 가진 좋은 독일인 이미지를 깨고 싶지 않아서였다. 하지만 이 녀석, 정말 알면 알수록 가관이었다.

어쩔 수 없이 다섯 명이 함께 택시를 타야하는 상황이었다. 토비는 한 마디 상의도 없이 재빨리 앞자리에 올라탔다. 분명 나보다 몸무게도 덜 나가고 체구도 작은데 혼자서 편하겠다고 그러는 것이 얄미웠다. 이뿐이 아니었다. 비싼 레스토랑에는 잘 다니면서 팁에는 인색하고 정작 별로 비싸지도 않은 숙소 비는 비싸다고 투정을 부리기 일쑤였다. 도저히 이해할 수 없는 논리였다. 그러면서도 정작 내가 숙소 비를 깎기 위해 주인과 협상을 하면 단 한마디도 않고 가만히 지켜볼 뿐이었다. 좋은 가격에 거래를 해줘도 고맙다는 소리 한번 없었다.

이뿐이면 말도 안한다. 치지도 못하는 기타를 메고 다니고 학교에서 배웠다는 영어는 원어민만큼 유창하면서 학원에서 기숙을 하며 한 달 동안 배운 스페인어는 기본적인 말조차 하지 못했다. 그러면서도 꼭 다 아는 것처럼 잘난 척을 했다. 겸손한 데이빗과는 정반대였다.

토비를 통해 나는 내가 만든 독일인 분석 자료의 오류를 인정해야했다. 지극히 몇몇의 케이스만 가지고 마치 그게 모두를 대변하는 듯 일반화의 오류를 저지른 것이다. 독일인은 이렇고, 프랑스인은 이렇다는 식으로 혼자 마음대로 정의를 내리고 그들을 내가 정한 틀 안에서 판단한 것이다.

생각해보면 사실 꽤 괜찮은 프랑스인도 많이 만났다. 대부분 자유분방하고 털털하고 은근히 정도 많았다. 에콰도르에서 봉사활동을 하며 만난 제이드가 그랬고 뉴질랜드에서 만나 지금까지 연락하고 지내는 프랑스 친구도 있다. 단지 "프랑스 사람은 별로야." 하고 지레 판단을 내려버리니 털털한 것도 더러워 보이고 자유분방한 것도 철없게 보이는 것이다. 그제야 깨달았다. 사람의 편견이 얼마나 무서운지, 편견으로 얼마나 많은 것을 놓치고 사는지, 그리고 그것이 얼마나 어리석은 일인지.

흔히 여행은 우리의 시야를 넓혀준다고 한다. 하지만 생각해보면 여행만으로 확장공사를 하듯 시야가 넓어질 순 없다는 생각이 든다. 단지 그 시야를 가리고 있던 '편견'이 조금씩 사라질 뿐이다. 눈곱 같은 편견이 없어지니 세상을 훨씬 더 깨끗하고 넓게 볼 수 있는 건 너무나 당연하다.

내 눈에는 아직 제거되지 않은 눈곱이 많다. 하지만 욕심내지 않으려 한다. 천천히 그리고 조금씩 이 눈곱을 청소할 생각이다. 그럼 언젠가는 나도 티 없이 맑은 눈으로 세상을 볼 수 있지 않을까.

계란프라이와 프렌치프라이

마추픽추를 위한 도시 쿠스코에 도착했다. 우선 아침을 먹기 위해 쿠스코의 중앙시장에 들렸다.

시장 안은 따뜻한 김이 모락모락 피어나고 쉼 없이 달그락거리는 소리가 들렸다. 시장 안은 마치우리의 먹자골목을 연상시켰다. 가게 모두 똑같은 메뉴를 팔고 있었다. 맛도 가격도 오차범위 없이 똑같았다. 그래서 메뉴나 가격을 비교하는 것은 무의미했다.

가장 마음씨 좋아 보이는 아주머니에게 다가가 인사를 했다. 그리곤 사람들이 가장 많이 먹고 있는 메뉴를 손으로 가리켰다. 내가 주문한 음식은 '후에보 콘 아로스 Huevo con arroz', 우리말로 하면 계란밥이었다. 고슬고슬 쌀밥에 잘게 썬 생양파와 토마토, 계란프라이를 얹는다. 그리고 마지막에 기름을 잔뜩 머금은 감자튀김을 한 줌 올리면 가장 인기 있는 페루 식 아침식사가 완성된다.

밥과 프렌치프라이라니, 분명 어디서도 들어보지도 못한 독특한 조합이었다. 하지만 생각 외로 맛이 좋았다. 고슬고슬 밥알에 탱글탱글함이 살아 있고 아삭하게 씹히는 야채샐러드와 도톰한 감자튀김 그리고 반숙으로 익혀진 계란 프라이가 아주 기름지고 고소했다. 익숙한 듯 새로운 맛이었다. 분명 내 옆에 서양인 친구가 있었다면 하얀 쌀밥의 탄수화물과 감자튀김의 지방 그리고 계란의 콜레스테롤에 대해 일장 연설을 늘어놓았을 것이다. 그들에게 밥과 감자는 탄수화물+탄수화물을 뜻했고 그들의 사고로 이것은 도무지 이해할 수 없는 부분이었다. 한국에서 세끼 모두 밥을 먹는다고 하면 토끼 눈을 뜨는 이유 역시 그랬다.

배를 두드리며 시장을 빠져나왔다. 쿠스코의 중심 아르마스 광장은 다른 도시의 광장들보다 확 트인 느낌이 들었다. 높은 건물 대신 낮은 건물들이 대부분이었고 색색의 건물들 대신 벽돌색의 지붕과 하얀색의 벽으로 도시전체가 차분한 톤을 유지하고 있었다.

아르마스 광장 주변에는 호객행위를 하는 사람들이 많았다. 대부분 마추픽추 투어 상품을 파는 사람들이었다. 나 역시 그들의 속삭임을 피할 수 없었다.

평소 투어 프로그램이라면 진저리 치는 나지만 마추픽추의 경우 혼자가 아닌 투어를 이용할 생각이었다. 혼자 가면 비용은 아끼겠지만 입장표 예약 등의 번거로움이 많기 때문이다. 더군다나 입장표 예약을 하려면 적어도 며칠 전에 해야 했다.

마추픽추를 둘러보는 여러 투어 중 나는 3박 4일 잉카 정글 트레일로 마음먹었다. 잉카 정글 트레일 투어는 정통 투어인 잉카 트레일 투어를 조금 압축한 형태이다. 원래 고대 잉카인들처럼 4일 내내 걸어서 마추픽추까지 이동하는 대신 차를 타고 이동하다 산에서 자전거도 타고 걷는 시간은 조금 줄인 여정이었다. 오리지널 잉카 트레일에 비해 힘도 덜 들고 무엇보다 가격도 훨씬 저렴했다.

첫 번째 회사에서 투어일정에 대한 설명을 들었다. 아침, 점심, 저녁 세끼와 호스텔 숙박, 가이드 비, 차량비, 입장료와 돌아오는 기차표가 포함이었다. 가격은 190달러. 하지만 바로 다음 회사에서 내게 더 좋은 조건으로 해주겠다며 말을 걸기 시작했다.

이쪽의 설명을 들어보니 프로그램은 똑같았다. 가격은 10달러 저렴한 180달러. 하지만 또 다른 회사에서는 내게 170달러를 제안해 왔다.

'이건 뭐지?'

정신없이 머릿속으로 대충 돈 계산을 하고 있는데 두 번째 회사 직원이 다시 다가와 조용히 속삭였다.

"저 쪽에서 얼마에 해준다고 했어요? 그 회사는 질이 정말 안 좋아요. 우리 회사에서 더 싸게 해줄 테니까 우리랑 계약하는 게 어때요?"

참 이상했다. 평소 같으면 내가 열심히 가격을 협상 할 텐데 이번엔 그럴 필요가 없었다. 자기네들끼리 가격경쟁이 붙어 가격은 계속 내려가고 있었다.

'마리아'도 그들 중 하나였다. 그녀는 아버지를 도와 여행사 일을 꾸리고 있다고 했다. 그녀는 유독 선한 인상을 갖고 있었고 왠지 모르게 사람 나는 사람 좋아 보이는 그녀에게 마음이 끌렸다. 결국 마리아네 여행사에서 학생할인 포함 140달러에 투어를 결정했다. 처음보다 무려 50달러가 저렴한 셈이었다.

숙소로 돌아오는 길, 발걸음이 가벼웠다. 이제 이틀 뒤 투어만 갔다 오면 될 터였다. 하지만 나는 곧 이 문제 때문에 마추픽추 투어 시작 전부터 골머리를 썩어야했다. 50달러 아끼려다 500달러어치의 스트레스를 받은 셈이었다. 그걸 말하려니 벌써 머리가 아프다. 이 이야기는 조금 있다 하기로 하자.

뿌듯한 마음으로 숙소로 돌아왔다. 6인용 도미토리에는 이미 한 남자가 있었다. 페루 리마 출신의 클레였다. 호스텔에서 외국인이 아닌 내국인을 만난 케이스는 처음이었다. 대부분 자신의 나라를 벗어나 본 적도 없는데 그는 심지어 유럽여행도 다녀온 특별 케이스였다.

"쿠스코는 좀 돌아봤어?"

"아니. 오늘 아침에 도착해서 별로 돌아보진 못했어. 방금 중앙시장이랑 아르마스 광장에 다녀오는 길이야."

"그래? 그럼 나랑 같이 구경 갈래? 내가 가이드 해줄게."

안 그래도 막막했는데 현지인 가이드라니 거절할 이유가 없었다. 남미인 특유의 밝고 유쾌한 성격과 유창한 영어 덕에 그는 가이드로서 최상의 조건을 갖추고 있었다.

그를 따라 밖으로 나오니 벌써 날이 밝아 있었다. 으슬으슬했던 새벽공기도 사라지고 살짝 땀이 날 만큼 따뜻했다.

쿠스코에는 유난히 골목이 많았다. 유난히 좁기도 했다. 골목 사이사이로 하얀 벽과 돌담이 이어졌다. 마추픽추로 향하는 출발 도시답게 도시 곳곳에는 잉카문명이 살아 숨 쉬고 있었다. 마추픽추를 탄생시킨 정교한 석조문화는 내 발걸음이 닿는 거리위에서 또 내 손길이 닿는 벽담 위에 녹아있었다.

그 유명한 12각의 돌은 생각보다 쿠스코 중심 가까이에 있었다. 12각의 돌이란 12변으로 이뤄진 돌담의 돌을 이야기 하는데 열 두 개의 변이 한 치의 오차 없이 다른 돌의 변과 맞닿아 있어 유명하다. 물 한 방울 샐 틈 없이 완벽한 맞물림은 현대 기술로도 설명이 불가하단다. 하지만 이 돌담이 여전히 고대 잉카문명 그대로 남아 있지는 못했다. 스페인 정복자들이 돌담 구조 윗부분을 허물고 마음대로 건물을 지어버린 탓이었다. 그리고 보면 남미의 도시들이 유럽의 도시들과 닮아있다고 좋아할게 아니라는 생각이 들었다. 쿠스코에 오기 전까지만 해도 유럽느낌이 나는 도시는 왠지 더 멋스럽다고 생각했는데 다시 생각해보니 유럽풍의 색채로 고유한 문화를 덮어버린 것 같아 안타깝다.

시간이 흐를수록 하얀 구름이 걷히면서 유난히 파란 하늘이 고개를 내밀었다. 날이 좋아서인지 동행이 있어서인지 기분이 좋았다. 클레는 사진기사가 되어 사진도 찍어주고 영어와 스페인어를 섞어가며 내게 훌륭한 가이드가 되어주었다.

"남미여자들은 얼마나 기가 센지 몰라. 난 나중에 동양여자랑 결혼하고 싶어. 고분고분하고 얌전하고 무엇보다 남자를 잘 받든다고 들었어."

길을 잘 걷다 갑작스런 클레의 말에 나도 모르게 욱하고 말았다.

"뭐? 그러니까 연애는 쭉쭉 빵빵 남미여자들이랑 하다가 결혼은 말 잘 듣는 동양여자랑 하겠다고?"

여행을 하며 느낀 거지만 외국인들에게 동양여자의 이미지는 우리가 생각하는 것보다 훨씬 단순하다. 외모적으로 검고 긴 생머리에 눈은 작고 말이 많지 않고 부끄러움을 타는 여자, 그게 바로 외국인들을 통해 들은 동양여자의 대표적인 이미지였다. 클레 역시 그런 동양여자와 결혼하고 싶어 했다.

"모든 한국여자들이 다 너 같은 건 아니지?"

그가 무슨 말을 하고 싶은 건지 알고 있다. 나는 외국인들이 생각하는 그런 깜찍하고 신비로운 동양여자의 모습을 단 한군데도 갖고 있지 않다. 외모가 정말 동양적이지도 않고 보호본능을 일으킬 만큼 가냘프지도 않다. 무엇보다 부끄러움은커녕 고분고분 듣고만 있는 스타일도 아니다. 클레 역시 나를 보며 동양여자에 대한 환상(?)이 와르르 무너진 모양이었다.

"치나 로카."

클레가 내게 별명을 만들어 부르기 시작했다. 직역하자면 '미친 중국여자'를 뜻했다. 나는 녀석을 '미친 볼리비아 남자'를 뜻하는 '볼리비아노 로코' 라고 불렀다. 내가 뻔히 한국인인걸 알면서도 일부러 중국인을 들먹거리며 놀리는 게 얄미워 나도 페루사람인 클레를 볼리비아인 이라고 부르며 놀려댔다.

클레는 나를 데리고 산 페드로 시장에 갔다. 우리는 생과일주스 두 잔을 시켰다. 나는 딸기를 클레는 파파야와 당근을 섞어 주문했다. 남미에서는 생과일주스에 기본적으로 우유를 넣고 밀크셰이크처럼 만들어주는데 우유를 싫어한다면 우유를 빼고 해달라고 하면 된다. 아주머니가 즉석에서 믹서기에 과일과 우유를 넣고 주스를 만들어주셨다. 딸기주스는 모두가 예상 가능한 딸기 셰이크 맛이었고 파파야와 당근은 당근특유의 향과 파파야의 달콤함이 꽤나 잘 어울렸다. 시장에서 주스를 마실 때는 한 잔을 더 리필 받을 수 있다. 클레와 나는 한 잔을 더 마시고 자리에서 일어났다.

"리마에는 언제 올 거야?"

"이미 리마엔 갔다 왔어."

"다시 안 와? 리마에 오면 내가 또 가이드 해주고 싶어서. 숙소 걱정 할 것도 없이 우리 집에서 지내면 되고."

"글쎄, 솔직히 리마는 수도 그 이상도 그 이하도 아니었어. 너무 대도시라 오히려 심심했어. 난 쿠스코처럼 이렇게 작은 도시가 더 좋아."

내 대답에 클레는 꽤나 서운한 눈치였다. 하긴, 리마에 대한 자랑을 늘어놓는 애한테 리마는 별로였다고 말했으니.

"그건 네가 리마를 제대로 보지 않은 거야. 리마가 얼마나 매력적인 도시인데. 아무걱정 말고 꼭 다시 리마로 놀러와. 내가 제대로 구경시켜 줄게."

마치 리마 홍보 대사 인냥 클레는 목에 핏줄을 세워가며 내게 리마를 자랑했다.

"그래, 알았어. 생각해볼게."

다시 되돌아갈 생각은 전혀 없었지만 클레를 실망시키기 싫어 생각해보겠다는 대답만 했다.

"Mi casa es tu casa."

'나의 집이 곧 너의 집', 네 집처럼 편하게 지내라는 말이었다.

그의 배려가 참 고마웠다. 어차피 되돌아갈 리 없지만 그를 향해 싱긋 웃으며 대답했다.

"Si, Tu casa es mi casa, pero mi casa mi casa." (당연하지, 네 집은 내 집이고, 내 집은 내 집이니까)

"치나 로카."

클레가 박장대소하며 고개를 내저었다.

남미 최고 미식 강국

숙소로 돌아오니 캐나다에서 온 미츠코가 있었다. 그녀는 어머니가 일본인인 혼혈인이었다. 단발보다 좀 더 짧은 검은 머리와 짙은 갈색 눈에서 아시아적인 느낌을 받을 수 있었다. 빨간 볼 위로 어린 아이 같은 주근깨가 가득했다. 그녀는 굉장히 특이한 웃음을 갖고 있었다. 그녀가 한번 웃으면 주변사람들이 모두 쳐다볼 정도로 하이톤의 밝고 활달한 웃음이었다. 수줍은 소녀 같기도 하고 개구쟁이 소년 같기도 하고 아무튼 호탕한 성격이 마음에 들었다.

우리 셋은 방안에서 한껏 수다를 떨었다. 무슨 이야기를 그리 나눴는지는 기억이 나진 않지만 아무튼 셋이서 쿵짝이 잘 맞았다.

"우리 같이 저녁 먹을까?"

미츠코가 제안했다. 어디로 가야할까 고민하는데 이번에도 클레가 자신있게 우리를 이끌고 아르마스 광장부근의 한 레스토랑으로 갔다.

이층에 자리한 그 레스토랑은 한눈에 봐도 보통 식당과는 차원이 달랐다.

넓은 시내에는 촛불들이 반짝이고 깔끔하게 차려입은 웨이터들이 여유 있는 미소로 우리를 반겼다. 식사를 하고 있는 사람들의 옷차림만 봐도 벌써 고급 레스토랑의 향기가 스멀스멀 올라왔다. 술을 마시는 바와 바텐더도 따로 있었다. 메뉴판을 보니 역시나 안 먹어도 배부른 아니 배불러야하는 가격이었다.

이곳은 페루의 대표 요리사이자 전 세계적으로 유명한 스타 쉐프 가스통 아쿠리오가 하는 체인 레스토랑 'Chicha(치차)'이었다. 페루의 전통요리를 고급화해서 현대적인 스타일로 선보이기로 유명한 레스토랑이었다. 그래서 어머니의 손맛 같은 푸근한 느낌 대신 세련되고 깔끔한 스타일이었다.

좋은 레스토랑에 좋은 사람들과 온 것 까지는 좋지만 내심 비싼 가격 때문에 마음이 불편했다. 혼자였으면 당장 뛰쳐나갔을 텐데 처음 보는 친구들과 함께한 자리라 그러지도 못했다. 하지만 불편하던 나의 마음은 식전 빵 하나로 깨끗이 사라졌다. 높이가 낮은 식빵모양의 빵 세 덩어리가 나무 도마에 서빙 되었는데 따끈따끈한 빵에 허브를 넣은 달콤한 버터를 발라 먹으니 정말 포실포실 맛이 좋았다. 비싼 가격은 더 이상 고려 대상이 아니었다. 식전 빵이 이 정도라면 진짜 음식도 어마어마하게 맛있을 터였다.

채식주의자인 미츠코를 배려해 고기요리 대신 샐러드와 세비체 그리고 뇨끼를 주문했다. 세비체는 페루의 대표 음식으로 익히지 않은 해산물을 레몬이나 라임 즙을 넣은 양념에 섞어먹는 우리네 회 무침 같은 요리이다. 남미 대부분이 육식을 선호하는 반면 페루는 해산물을 즐기기 때문에 다양한 해산물 요리가 많았다. 그 중에서도 손꼽히는 요리가 바로 이 세비체였다. 기본베이스가 시큼한 레몬이나 라임이지만 식당마다 소스의 맛이 다 다른데 이곳의 세비체는 초록색 소스에 버무려져 나왔다. 시큼한 맛은 덜하고 이름 모를 초록허브의 깔끔한 뒷맛이 내 입에 딱 맞았다. 그 동안 먹어본 세비체 중 제일 좋았다.

뇨끼는 이탈리아 파스타 중 하나로 이탈리아 수제비라고 불릴 정도로 보편적인 대중음식이다. 감자가 주재료인지라 '감자의 나라' 페루에서도 많이 먹는단다. 나는 이곳에서 처음으로 뇨끼를 먹어봤는데 감자의 쫀득하고 부드러운 식감이 살아있어 씹는 맛이 좋았다. 되직하고 매콤한 토마토소스와 늘어나는 모짜렐라 치즈와도 잘 어울렸다. 상추와 토마토 그리고 아스파라거스만 간단히 올려있는 샐러드도 최고였다. 기본 발사믹 소스로 맛을 낸 것 같은데 좀 더 달콤하고 입맛을 자극하는 끈적임이 좋았다. 함께 주문한 망고주스는 바텐더가 바에서 직접 만들어주는데 우유나 물이 들어가지 않아 망고 그대로의 달콤함이 가득했다.

기분 좋은 식사가 끝나고 그냥 가기 아쉬워 디저트를 주문했다. 배가 부르긴 한데 왠지 디저트도 맛있을 것 같아 세 가지 디저트를 모두 맛볼 수 있는 트리플 플레이트를 시켰다. 직사각형의 긴 접시에 레몬크림과 머랭이 올려 진 작은 유리컵, 블루베리 소스가 얹힌 치즈케이크 그리고 망고무스케이크가 나왔다. 먹기도 아까울 만큼 예쁜 디저트였다. 레몬크림과 머랭은 너무 달아서 남기고 치즈케이크와 망고무스케이크는 예쁜 장식만큼 맛도 좋았다. 남미에 온 이래 가장 비싸고 또 가장 만족스러운 외식이었다. 비싸니까 더 맛있다고 느낀 건지도 모르지만 비싸면 비싼 값을 하는구나 싶었다. 그리고 꼭 그래야 한다. 안 그럼 정말 화가 나서 견딜 수 없으니까.

먹을 땐 너무 맛있어서 돈 따위 상관없다고 생각했는데 사람인지라 배가 부르고 나니 또 생각이 바뀌었다. 그런데 이때 클레가 지갑에서 카드 한 장을 꺼냈다.

'고맙긴 하지만……'

미안해지려고 하는데 아쉽게도 그가 내려는 건 아니었다. 대신 우리는 그 카드를 이용해 무려 50% 할인을 받을 수 있었다. 알고 보니 클레는 이 레스토랑 리마 지점의 직원이었다. 물론 반값 할인을 받아도 페루 물가에 비하면 비싼 편이었지만 이 정도의 레스토랑에서 디저트까지 먹은 걸 생각하면 정말 제대로 된 호강이었다.

　페루가 남미에서도 손꼽히는 미식 강국이라는 사실은 익히 들어왔다. 안데스산맥을 중심으로 페루에는 다양한 종류의 식물들이 풍부한데 특히 감자는 페루에서 재배되는 것만 3천여 종이 넘는다고 한다. 그렇게나 종류가 많다니 믿기도 힘들지만 페루에 국제 감자 연구소까지 있는걸 보니 틀린 말은 아닌 것 같다. 뿐만 아니라 풍부한 곡류와 해산물 때문에 다른 남미국가보다 훨씬 다채로운 음식들이 많다. 또 다양한 종류의 고추를 사용해서 우리나라 사람들 입맛에도 대부분 잘 맞는다.

　문제는 페루 사람들도 이걸 너무 잘 알고 있다는 사실. 페루사람들이 갖고 있는 페루음식에 대한 자부심은 프랑스인들 못지않다. 클레도 만족해하는 나와 미츠코를 보고는 더 신이 나서 세계에서 페루 음식이 최고라느니 오버를 하며 난리를 쳤다. 조금 얄밉긴 했지만 그 녀석 덕에 정말 대단한 식사를 했으니 조금 참기로 했다.

선 입술, 후 고백

　오늘 처음 만났지만 우리 셋은 오랜 단짝친구처럼 죽이 잘 맞았다. 아무 것도 없는 방안에서도 우리만의 게임을 만들어 놓았다. 그 중에 가장 재미있는 건 온몸으로 표현하는 퀴즈였다. 가족 오락관에서나 할 것 같은 이 게임은 자신이 생각하는 영화를 말이 아닌 몸짓으로 표현해 다른 사람이 맞추는 게임이었다. 다 알만한 대중적인 영화를 선정하는 것도 그 영화를 몸짓으로만 표현하는 것도 쉽진 않지만 그래서 더 재미있는 게임이었다. 우스꽝스러운 몸짓으로 퀴즈를 내니 문제를 내는 사람도 맞히는 사람도 웃느라 정신이 없었다. 어렵게 퀴즈를 맞히고 나서는 "그 영화를 그렇게 설명하면 어떻게 알아?" 하고 핀잔을 주고 잔소리를 들은 상대방은 "그렇게 설명이 이상한데 그걸 맞춘 너는 뭐야?" 라고 오히려 큰 소리 치기도 했다. 그 모습이 마치 다섯 살 난 어린아이들 같아서 서로 이내 웃고 말았다. 그렇게 한참을 놀다 자정이 넘어 미츠코가 먼저 잠자리에 들었다. 미츠코는 이내 새근새근 잠이 든 것 같았다.

정말 피곤했다. 밤새 아레키파에서 이곳 쿠스코로 넘어오느라 제대로 눕지도 못한 터였다. 자정이 넘으니 쿠스코의 기온은 다시 영하로 떨어진 듯 쌀쌀했다. 방안에 차가운 공기가 가득했고 손끝이 시렸다. 몸을 잔뜩 웅크려도 쌀쌀한 공기를 피할 길은 없었다.

"왜? 추워?"

손을 주무르고 있는 내게 클레가 물었다.

"응. 낮에는 따뜻하더니 새벽이라 다시 추워지네."

내 말을 듣던 클레가 갑자기 벌떡 일어나더니 자신이 입고 있던 도톰한 스웨터를 벗기 시작했다.

"아, 아니. 아니야. 그 정도로 춥진 않아."

당황해서 괜찮다고 손사래를 쳤지만 클레는 이미 자신의 옷을 벗은 상황이었다. 그러고는 당황해하는 내게 다가와 그 스웨터를 손수 입혀주기 시작했다. 생각지도 않은 상황에 고맙기도 하고 미안하기도 하고 왠지 모르게 민망했다. 얼떨결에 스웨터를 입긴 했는데 그 다음이 문제였다.

스웨터 목 부분으로 얼굴을 빼자마자 클레가 입을 맞추려했다. 순간 너무 당황해서 나는 손으로 그 녀석의 이마를 짚고 밀쳐버렸다. 그런데도 녀석이 계속 다가와 나는 한손으로 그의 얼굴을 잡고 한손으론 이 녀석의 팔을 잡고 밀다가 이 녀석을 침대 쪽으로 밀어버렸다. 다행히 녀석도 더 이상 시도하지 않았다.

어색한 공기가 방안을 맴돌았다.

"좋아해."

갑작스러운 상황에 당황스러웠다.

"미안, 당황했지? 나도 모르게……"

녀석도 당황하고 민망했는지 연신 미안하다고 말했다. 참 남미 남자다웠다. 우선 입술부터 들이밀고 좋아한다니, 뭐라고 대답을 해야 할지 망설여졌다. 다행히 미츠코는 깨지 않은 듯 했다.

"원래 여행을 하다보면 마음이 쉽게 동요되기도 하고 그냥 좋아하는 감정이 부풀려지기도 하고 그러는 거야. 괜히 감정적이 되기도 하잖아. 너도 알겠지만 나는 널 좋은 친구로 좋아하지 그 이상은 아니야. 네가 그걸 확실히 해줬으면 좋겠어. 적어도 날 좋아한다면 말이야."

참 더럽게 멋도 없지. 하지만 사실이었다. 여행지에서 느끼는 감정은 내가 실제로 느끼는 감정보다 왠지 더 빨리, 더 크게 느껴진다. 그래서 자칫하면 이성을 잃고 평소에는 하지 않을 일들을 할 수도 있고 실수하기도 쉽다. 물론 여행이니까, 그게 여행의 묘미고 본질이니까 이성적인 판단은 조금 뒤로 미뤄도 되지 않을까 하는 사람도 많지만 글쎄, 잘 모르겠다. 자유로워지는 건 좋은데 자유와 충동은 확실히 구별되어야 한다고 생각했다.

다시 침대에 누웠지만 클레가 계속 말을 걸었다.

"내가 좋아한다고 말해서 불편하니? 그렇다면 미안해."

"사과 할 것까진 없어. 넌 내게 정말 좋은 친구야. 너랑 미츠코를 만나지 않았으면 오늘처럼 재미있는 하루를 보내지 못 했을 거야. 안 그래?"

"응. 맞아. 넌 정말 웃겨."

"야, 숙녀한테 웃기다니. 죽을래?"

"넌 숙녀가 아니잖아."

"음…… 그건 그래."

한동안 이런 식으로 대화하다 잠이 들어버렸다. 여행 초기였다면 설렘과 당황스러움에 잠을 이루지 못했겠지만 이제는 아니었다. 오밤중에 이런 갑작스러운 고백을 받고도 그것도 그 고백을 한 이와 같은 방에서 묵는 상황임에도 나는 코까지 골며 아주 편히 잘 수 있었다. 이렇게 무디고 멋없는 내 자신에게 미안할 정도였다.

오, 세상에 마리아!

잠에서 깨자마자 서둘러 짐을 쌌다. 내가 묵고 있는 숙소가 저렴하긴 하지만 인터넷이 되지 않는 치명적 약점이 있었다. 더군다나 어젯밤 클레의 고백을 듣고 나니 신경을 안 쓰려 해도 안 쓸 수 없었다. 왠지 어제만큼 편하게 지낼 수는 없을 것 같았다.

새로운 숙소는 한국인과 일본인들이 많이 찾기로 유명한 곳이었다. 계단을 한참 올라가야 하는 단점이 있지만 인터넷도 되고 간단한 아침을 제공한다는 메리트가 있었다.

아레키파에서 만났던 영훈 오빠와 이 숙소에서 재회했다. 물론 오빠의 친구 토비도 함께였다. 영훈 오빠와 토비 역시 다음 날 출발하는 잉카 정글 트레일 투어를 예약한 상태였다. 하지만 가격은 내가 예약한 가격보다 40달러나 비쌌다.

내가 정말 저렴하게 예약했다는 사실을 깨닫고 우리는 오빠네 에이전시를 찾아가 환불을 받으려 했다. 하지만 환불을 요청하는 우리에게 그들은 알 수 없는 이야기를 늘어놓기 시작했다.

"그 에이전시는 사기꾼이야. 그런 터무니없는 가격에 해준다는 거 보면 뻔하지 않아? 그거 모르지? 거기는 이미 관광객들한테 고소까지 당했어."

당황스러웠다. 내가 계약한 여행사가 사기 여행사라니. 가격차이가 심한 게 이상하긴 했지만 도저히 믿을 수 없었다. 사실 마리아네 회사와 구두계약만 해서 아직 돈도 내지 않은 상태였다. 하지만 다른 사람도 아니고 마리아가 날 속일 사람은 아니라는 생각이 들었다.

믿지 못하는 내게 그들은 한 신문기사를 보여줬다. 스페인어로 된 신문기사였지만 거기에 내가 계약한 에이전시의 이름이 명시되어 있었다. 영훈오빠가 대신 기사를 읽어보더니 정말 사기죄로 고소당한 내용이라고 확인해주었다.

"정말 사실이야?"

마리아와 안에 있던 직원들 모두 당황한 표정이 역력했다. 그들의 표정이 이미 진실을 말해주고 있었다. 다리의 힘이 풀리는 것 같았다. 투어를 갔다 와서 같이 쇼핑도 가고 춤도 추러 가자고 약속도 했는데.

"어떻게 그럴 수 있어? 나를 속인거야?"

"아니야. 절대 너를 속인 게 아니야."

"그럼 그 기사는 뭐야? 신문에 난 그 기사가 사실이 아니라는 거야?"

"그 기사는 사실이야. 하지만 그건 전에 회사를 맡았던 사람들이고 지금 우리 회사는 전혀 다른 회사야. 그러니까 엄연히 따지고 보면 우리랑은 아무 상관 없어."

마리아는 정말 억울하다는 표정을 지으며 자신을 믿어 달라 말했다.

"정말이지? 정말 네 말이 맞는 거지?"

"응. 당연하지. 전혀 걱정할거 없어."

하지만 영훈 오빠와 토비가 관광 센터에 확인해보니 이 에이전시가 그 기사 속 에이전시가 틀림없다고 했다. 뿐만 아니라 그것 말고도 관광객들의 불만이 상당수 접수된 것으로 드러났다. 나는 다시 절망하고 말았다.

"이건 어떻게 설명할거야?"

사실을 확인하려 하자 마리아는 자신을 좀 믿어달라며 호소하기에 이르렀다. 이제 돈이고 뭐고 그냥 짜증이 났다. 괜히 나 때문에 이 쪽 저 쪽 왔다갔다 고생한 영훈 오빠와 토비에게도 너무 미안했다. 결국 둘은 원래 에이전시에서 그대로 투어를 진행하기로 하고 숙소로 돌아갔다. 하지만 나는 그냥 돌아갈 수 없었다.

"마리아, 나도 너를 믿고 싶어. 하지만 이미 이렇게 된 거 그냥 사실만 말해줘. 네가 거짓말을 했다고 해도 널 원망하진 않을게."

마리아가 잠시 생각에 잠기더니 어렵게 입을 열었다.

"사실 여러 건의 불만이 있었던 건 사실이야. 그때는 우리가 제대로 일정을 진행하지 못했고 그 때문에 여러 가지 문제가 있었어. 하지만 믿어줘. 또 다시 문제가 발생하는 일은 없을 거야. 장담해. 나를 믿어줘."

긴 한 숨을 내쉬었다. 그리고 마리아를 쳐다봤다. 그녀 역시 나를 바라보고 있었다.

"정말 미안해. 네 친구들까지 데려와줬는데…… 네가 다른 회사에서 투어를 한다고 해도 이해해. 어차피 친구들이랑 떨어져 혼자 계약할 순 없잖아. 그냥 친구들이랑 함께 가. 우린 신경 쓸 거 없어."

나 역시 오빠네 에이전시로 가겠다고 마음먹었지만 그녀의 말을 듣고 나니 오히려 고민이 되었다. 잠시 생각에 잠겼다. 내가 그녀를 믿었을 때 잃을 수 있는 최대치는 내 돈 140달러였다. 배낭객인 내게 절대 작은 돈이 아니었다. 하지만 그녀를 믿지 않았을 때 잃을 수 있는 최대치는 바로 마리아 그녀였다. 140달러와 사람이라…… 어쩌면 세상에서 가장 쉬운 결정일 것이다.

마추픽추는 품절입니다

숙소에서 간단히 아침을 먹고 캐리어는 숙소 창고에 맡긴 채 파란 배낭만 메고 숙소를 나섰다. 토비와 영훈 오빠는 에이전시에서 숙소로 데리러 온다고 했다. 벌써 여기서부터 차이가 나는구나 싶어 허무했지만 내색하지 않았다.

이른 아침의 쿠스코는 오슬오슬 차가웠다 괜찮다고 큰 소리 쳤지만 사실 나는 몹시 불안했다. 그렇게 마리아네 사무실에 도착했다. 하지만 인기척이 없었다. 사무실 문은 굳게 닫혀있었다.

'쿵' 하고 심장이 떨어질 것 같았다.

'쾅' 머리를 세게 부딪친 듯 알 수 없는 충격이 전해졌다.

어젯밤 잠들기 전 상상해 본 '혹시나'의 가능성을 마주한 순간이었다.

'아, 쪽팔려.'

화가 나고 열 받는 게 아니라 창피했다. 토비와 영훈 오빠의 얼굴이 떠올랐다. 사기인 것 같으니 그냥 함께 다른 회사에 등록하자고 그렇게 설득했었는데 나는 사기를 당하더라도 그건 다 내 운명이라며 큰소릴 쳤었다.

'지금이라도 오빠네 에이전시에 가서 등록하면 안 되려나? 아니야, 어차피 너무 늦어서 같이 출발할 순 없을 거야.'

도무지 다시 돌아갈 용기가 나지 않았다. 그 둘을 마주하고 '그래. 네 말이 맞았어. 네 말을 들었어야 했는데……'라고 인정하기가 죽기보다 싫었다.

'마추픽추는 역시 나와 인연이 아니었어. 생각해보니 사실 뭐 별로 가고 싶지도 않았어. 마추픽추 그게 뭔지도 잘 모르는걸.'

괜한 자기 합리화만은 아니었다. 사실 나는 마추픽추 따윈 관심도 없었다. 마추픽추 하나를 위해 남미 땅을 밟는 사람도 있다지만 나는 아니었다. 단지 남미에 있으니 페루에 왔으니 가는 거였다. 왜 마추픽추를 가지 않았냐는 질문이 귀찮아 그냥 가야하는 그런 곳이었다. 그러니 어쩌면 나에겐 다행이었다. 숙제같이 귀찮은 존재를 더 이상 마주하지 않아도 된다. 그렇다면 마음이 시원해야 하는데 이상하게 그렇지도 않았다. 그 대단하신 마추픽추를 뵐 수 없게 되자 그제야 똥줄이 탔다.

"손님, 죄송하지만 품절입니다."

관심도 없던 상품이 품절이라는 말에 괜히 아쉬워지는 것처럼 나는 차마 발걸음을 옮길 수 없었다. 그래서 그냥 서성였다. 바로 돌아가기 싫었다. 차라리 영훈 오빠, 토비와 마주치지 않았으면 했다. 사기당한 돈보다 사기를 당한 내가 너무 한심했다.

'숙소에 돌아가면 당장 짐을 빼서 쿠스코를 빨리 떠나야겠어. 아무도 모르게 조용히 페루를 떠날거야. 그리곤 평생 마추픽추는 입에 올리지도 생각도 하지 않고 살거야.'

다시 숙소로 발걸음을 옮겼다.

"아리?"

숙소로 향하는 골목길로 들어서기 전 누군가 나를 부르는 것 같았다. 뒤돌아보니 처음 보는 현지인이었다.

'어라? 저 사람이 내 이름을 부른 건가? 아님 잘못 들은 건가?'

하지만 그 남자는 나를 똑바로 쳐다보고 있었다.

"네? 뭐요?"

잔뜩 신경질을 내며 나도 그를 똑바로 쳐다봤다.

"도대체 어디 갔었어요?"

유창한 영어로 나에게 말했다.

'오잉?'

그제야 그가 어젯밤 에이전시에서 만난 마추픽추 투어 가이드라는 걸 깨달았다. 어제 에이전시에서 같이 떠날 가이드라며 그를 소개해줬지만 그땐 머리가 너무 복잡해서 그를 제대로 쳐다보지도 못했다.

기억하는데 조금 걸리긴 했지만 아는 얼굴을 만나니 그렇게 반가울 수 없었다. 전기 충격에서 깨어난 물고기마냥 나의 심장은 다시 뛰기 시작했다.

"숙소로 픽업을 갔는데 벌써 나가고 없다고 해서 다시 에이전시로 가고 있었어요."

알고 보니 우리 에이전시도(벌써 우리란다) 픽업서비스를 하는 좋은 에이전시였다. 나는 그것도 모르고 이곳까지 친히 발걸음을 했고 덕분에 사기를 당했다고 혼자 생쇼를 했던 것이다. 어쩐지 어제 에이전시에서 자꾸 내 숙소 이름을 물어봤었다.

"내일 있잖아. 숙소에⋯⋯. 아침 8시⋯⋯. 어쩌고저쩌고⋯⋯."

분명 스페인어로 뭐라 말을 했긴 했는데 잘 몰라서 대충 알았다고 끄덕였었다. '내일 아침 8시까지 숙소로 픽업을 갈게.' 라는 말이었는데 알아듣질 못하고는 아는 척을 해서 벌어진 웃지 못 할 해프닝이었다.

"손님, 마추픽추 재입고입니다."

더 고민할 것도 없었다.

"일시불이요!"

시작부터 피범벅

검은색 밴에는 네 명의 사람이 더 있었다. 함께 마추픽추를 갈 동지들이었다. 우루과이에서 왔다는 두 남자와 칠레에서 왔다는 남매였다. 인사를 나누고 나머지 사람들을 태우러 다른 숙소로 이동했다. 영국에서 온 나이 지긋한 여성분과 호주에서 온 발랄한 여대생 3인방을 포함 총 9명이었다. 느낌이 좋았다. 사기인줄 알고 포기한 상태에서 갑자기 사기가 아니라고 하니 기분이 좋을 수밖에 없었다. 하지만 사람 가득한 차 안은 더없이 고요했다. 모두들 꿀 먹은 벙어리처럼 말이 없었다. 나는 또 말없는 얌전한 동양여자가 되지 못하고 시끄럽게 떠들어대기 시작했다.

"우리 같이 마추픽추를 갈 사람들인데 서로 인사라도 나누는 게 어때?"

가이드도 가만히 있는데 나는 또 오지랖을 넓히고 있었다. 다행히 앞자리에 앉은 가이드 네이세르가 맞장구를 쳐줬다. 그렇게 해서 우리는 통성명을 했다.

역시 남미사람이라서 그런지 우루과이와 칠레에서 왔다는 네 명의 또래 친구들은 밝고 활기찬 에너지가 넘쳤다. 하지만 우리에겐 언어 장벽이 있었다. 같은 남미인인 우루과이의 두 청년과 칠레의 두 남녀는 거의 영어를 하지 못했고 영국 여성분과 호주 여대생 3인방은 스페인어 알파벳도 읊을 줄 몰랐다.

이런 서먹한 분위기를 풀 방법은 이들에게 생소한 한국이라는 나라에 대해 이야기 해주는 것이다. 그 중 제일 신기해하는 우리나라 나이에 대해 이야기 하니 다들 눈이 휘둥그레졌다. 하도 자주 얘기해서 이 얘기만큼은 스페인어와 영어로 말해도 아주 술술 이다.

"잠깐만, 다시 한 번 설명해 줄래? 그러니까 너희는 생일이 없다는 거야?"

"아니, 그게 아니라 생일을 축하하긴 하는데 공식적인 나이를 먹는 건 아니야.

여전히 이해가 가질 않는다는 표정이었다.

"그러니까 네 말은 새해에 다 같이 생일파티를 한다는 거야? 한국 국민 전체가?"

"생일파티는 각자 생일에 하는데 나이는 생일에 상관없이 매년 1월1일에 한 살 씩 더 먹는 거지."

"정말? 도대체 왜?"

"우리나라의 나이 시스템은 너희들과 시작부터 완전히 달라. 우리는 태어나는 순간 바로 한살로 치거든."

"뭐라고? 도대체 또 무슨 소리야? 태어나자마자 한 살이라고?"

아까보다 더 혼란스러워하는 표정을 보니 나도 모르게 웃음이 터졌다. 우리에겐 너무나 당연한 사실이 이들에게는 황당하기 짝이 없었다.

"이해하긴 힘들겠지만 우리나라에선 그래. 사실 아기의 생명은 엄마 뱃속에서부터 시작되잖아. 그때부터 열 달 후 엄마 배 밖으로 나오는 거니까 우리는 그 아기가 이미 일 년 정도의 나이를 갖고 있다고 생각 하는 거지. 생각해보면 아기의 생명을 처음부터 존중해준다고나 할까? 생명체를 가진 날부터 카운트를 하는 거지."

"하지만 열 달이 어떻게 일 년으로 치부되는 거야? 열 달은 열 달이지 일 년이 아니잖아."

"그건……, 그냥 우리나라 시스템이 그래. 설명하긴 복잡하지만 어쨌든 우리나라에서는 태어난 달이 아니라 태어난 연도에 따라 나이가 정해져. 알겠지? 그러니까 너는 우리나라에서 22살이 아니라 24살인거지."

"왓?"

갑자기 두 살이 많아지자 당황해 웃어댔다.

"오 마이 갓! 나 절대 한국 안 갈래."

한 시간쯤 달려 도착한곳은 산 중턱이었다. 안개가 자욱이 깔린 이곳에서 자전거를 타고 이동할거라고 했다. 미리 알고 있던 코스지만 막상 산에서 자전거를 타고 내려갈 생각에 겁이 났다. 안전모를 착용했지만 그다지 튼튼해 보이지 않는 자전거와 키에 맞지 않는 높은 안장은 내 걱정을 보태주었다.

생각보다 어렵진 않았다. 도심에서 자전거를 타더라도 지나가는 행인이며 자동차를 신경 쓰느라 쌩쌩 달리기 힘든데 여기선 장애물을 걱정할 필요가 없었다. 페달을 밟을 필요도 없었다. 내리막길이라 열심히 발을 굴리지 않아도 그냥 쌩쌩 내려갔다. 하지만 이내 한 가지 문제에 봉착했다. 조금씩 내리던 비가 아예 소나기처럼 퍼붓기 시작한 것이다.

결국 여자들은 모두 뒤 따라오던 밴에 올라탔다. 나는 남자들보다 훨씬 뒤쳐졌지만 그래도 포기하지 않고 페달을 밟았다. 여자들이 다들 포기하는 걸 보니 나라도 완주해야겠다는 욕심이 들었다. 이런 쓸데없는 승부욕이 화근이었다.

큰소릴 쳐놓고 이내 후회가 되었다. 금방 끝날 줄 알았는데 가도 가도 끝이 없었다. 도대체 어디쯤가야 끝인지 알 수 없었다. 설상가상 비는 더 세차게 내리기 시작했다.

'그냥 이쯤에서 포기할까?'

비만 안 와도 타겠는데 온 몸이 비에 젖어 춥기까지 했다. 언제쯤 포기선언을 해야 할까 머리를 굴리는 사이 비포장도로에 접어들었다. 이미 가속도가 붙은 상태라 큰 돌들을 피해 자전거를 타기가 힘들었다. 자전거 핸들을 좀 더 꽉 붙잡고 몸의 중심을 잡아보지만 쉽지 않았다. 조금씩 손에 힘이 풀리고 몸이 움직이기 시작했다.

깊이를 가늠할 수 없는 물구덩이 들이 많았다. 최대한 피해서 이리저리 움직였지만 움푹 파인 물구덩이를 완전히 피해갈 순 없었다. 결국 앞바퀴가 큰 물구덩이로 푹 빠져버렸고 난 결국 손잡이를 놓쳐버렸다.

슬로우 모션 같았다. 살짝 몸이 떴다가 중력의 법칙인지 중량의 법칙인지 아무튼 머리부터 떨어졌다. 아니 정확히 말하면 얼굴이었다. 찰나의 순간이었지만 얼굴에 가해진 그 엄청난 힘은 지금도 생생하게 기억한다. 얼굴을 야구 방망이로 세게 얻어맞은 느낌이었다. 입고 있던 우비는 물론 안의 레깅스와 바지까지 그대로 찢어졌다. 무릎은 피와 흙으로 뒤범벅 되었다. 뒤에서 내려오던 차가 멈추고 네이세르가 급히 달려왔다.

나는 땅에 절이라도 하는 듯 얼굴을 붙이고 엎드린 채로 움직이지 못했

다. 분명 뇌신경은 모두 깨어있는데 몸으로 전달되지 않는 듯 했다. 네이세르의 부축을 받아 우선 차 안으로 들어갔다. 아무런 고통도 없었다. 이상하게도 아무런 느낌이 들지 않았다.

거기서 5분쯤 내려갔을까? 그곳에 남자 멤버들이 자전거를 세워놓고 우리를 기다리고 있었다. 그곳이 내가 기다리던 완주점 이었다. 쓰라린 고통이었다. 상처 난 곳이 아니라 고작 완주 5분을 앞두고 넘어졌다는 사실이 너무 속상했다.

3박 4일의 여정 중 첫 하루를 보낼 산타마리아라는 마을에 도착했다. 미리 예약된 식당에서 점심을 먹었다. 고를 것도 없이 이미 메뉴는 통일 되어있었다. 페루의 대중적인 음식 로모 살타도였다. 대부분의 패키지여행이 그렇듯 제대로 된 식사를 기대하지 않았는데 기대 이상이었다. 한참 밥을 먹는데 다른 그룹들도 식당 안으로 들어왔다. 토비와 영훈 오빠네 그룹도 있었다. 밥 먹는 것까지 똑같은걸 보니 뭔가 안심이 되었다. 정말 등록한 회사만 다를 뿐 똑같이 움직이구나 싶었다.

그렇게 오후 3시도되기 전 하루 일정이 끝났다. 마을을 둘러보며 시간을 보내면 좋겠지만 둘러볼만한 것이 전혀 없었다. 그냥 지나쳐도 되는 곳이지만 일정을 늘리기 위한 방법인 것 같았다. 우리 그룹은 호주 여대생 3인방이 빠지면서 6명이 되었다. 그들은 3박4일이 아니라 2박3일 일정이라 바로 차를 타고 넘어갔다고 했다. 역시 2박 3일로도 가능한 여정을 괜히 이렇게 굼벵이 가듯 조금씩 가고 있는 거였다. 속으론 오만가지 욕이 나왔지만 참기로 했다. 실랑이는 여행 시작 전 이미 충분히 했다. 더 이상은 싫다. 나도 이제 좀 속으면 속는 대로 머리 골 덜 아프게 여행하고 싶다.

내겐 너무 좋친 마추픽추

다음날은 아침 일곱 시 반부터 길을 걷기 시작했다. 어젯밤에도 비가 내려 길은 진흙탕이 되어있었다. 걸을수록 발이 무거워졌다. 푹푹 꺼지는 통에 발 한번 내딛기도 힘들었다. 이제 본격적으로 산을 올라야했다. 한참을 올라가도 도무지 끝이 보이지 않았다. 점점 가팔라지면서 숨이 턱턱 막히는데 이번에도 나약한 모습을 보이기 싫어 군말 없이 올라갔다. 아니다. 기어갔다. 점점 허리가 숙여지더니 어느새 나는 두 손을 짚고 네발이 되어 산을 올라가고 있었다.

첫째 날 보다 둘째 날이 더 힘들었다. 그래도 힘들게 산에 올라 잉카인들이 지나왔다는 옛 잉카 길을 바라보는 느낌은 조금 뿌듯하고 감동스러웠다. 물론 네이세르가 침을 튀겨가며 스페인어와 영어를 섞어 설명해주는 잉카인과 마추픽추에 대한 이야기를 다 알아들었다면 조금이 아니라 많이 감동스러웠겠지만 나는 여전히 무슨 말인지 이해할 수 없었다. '나중에 인터넷으로 찾아봐야지' 하고 귀를 기울이지 않는 게으름의 결과였다.

마추픽추를 보고나면 스스로 감동 받아서 나중에라도 그 역사적 이야기를 찾아 열의를 불태울 줄 알았는데 안타깝게도 나는 그 후 마추픽추에서 찍은 사진조차 별로 들여다보지 않았다. 그래서 내 두발로 마추픽추를 다녀오긴 했지만 텔레비전으로만 마추픽추를 마주한 사람보다 나는 더 모른다고 봐도 무방하다. 따라서 내 글을 통해 어떠한 정보나 지식은 곧 죽어도 찾을 수 없을 거다. 내가 모르는 걸 그냥 읊어줄 순 없지 않은가? 네이버에 몇 글자 치기만 해도 읽지 못할 수많은 지식들이 쭉쭉 나올 텐데 내가 그걸 옮겨 적을 필요는 없는 것 같다. 창피해야 할 일이지만 그렇게 창피하지도 않다. 내 관심분야가 문화유적지가 아닌 걸 어쩌겠는가. 마추픽추보다 3박 4일 내내 먹는 매끼에 감동하는 나였다.

둘째 날 저녁은 알파카 스테이크였다. 알파카는 양과 너구리를 닮은 귀여운 얼굴의 낙타과 동물이다. 긴 목과 까맣고 큰 눈 그리고 기다란 속눈썹을 꿈뻑거리는 아주 보호본능을 일으키는 상큼한 녀석들이다. 너무 귀여워서 집에 데려가 한 마리 키우고 싶을 정도인데 알파카 고기를 먹고 나니 한 마리가 아니라 두 마리는 더 키우고 싶어졌다. 소고기보다 좀 더 질기긴 한데 기름기 없이 담백하고 고소했다. 고기만 맛있는 게 아니다. 알파카는 털을 이용해 따뜻한 옷을 만드는데 페루와 볼리비아에서 특히 유명한 기념품 중 하나다. 온몸을 받친 눈물겨운 희생이 아닐 수 없다.

셋째 날, 오늘은 특별한 일정이 우리를 기다리고 있었다. 바로 지프라인 체험이었다. 외줄을 타고 산과 산 사이를 쭉 미끄러져 내려오는 이색 레포츠였다. 물론 이건 추가로 비용을 지불하는 옵션프로그램이었다. 굳이 잉카 정글 트레일 코스에 상관없는 곳까지 차를 타고 가야하는 정말 불필요한 옵션 프로그램이었다. 30달러나 하는 가격도 가격이지만 이미 뉴질랜드에서 웬만한 레포츠는 다 해봤던 터라 외줄타기 정도야 별로 재미있어 보이지도 않았다. 나뿐 아니라 우리 그룹 누구도 이 옵션 프로그램에 흥미를 비추지 않았다. 우리의 무관심에 안절부절 못하는 건 네이세르였다. 꼭 한번 해볼 만한 레포츠라며 안전하기도 하고 보기보다 더 재미있다며 끊임없이 우리들을 설득했다. 뻔했다. 우리가 옵션 프로그램을 하면 그에 따른 인센티브도 받고 여행사나 이 지프라인 회사에도 면목이 설 것이다. 뻔히 보이는 거지만 나는 속는 척이 옵션 프로그램에 참여했다. 그 동안 열심히 우리를 가이드 한 네이세르 때문이었다. 그에게 도움이 되는 일이라면 조금이라도 돕고 싶었다.

네이세르는 나와 동갑인 청년이었다. 마추픽추 가이드로 일한지 벌써 3년이 넘었다고 했다. 여행을 하고 싶어 대학에서 관광학을 전공했다는 그는 단 한 번도 페루 밖을 나간 적이 없었다. 독학으로 공부한 영어는 꽤나 유창했지만 여전히 영어로 설명을 하는 게 어렵다고 수줍게 웃었다. 가이드 일이 힘들긴 해도 자신의 일에 보람을 느낀다는 그를 보면서 괜히 미안한 마음이 들었다.

가난한 배낭 여행자라고 말하고 다니면서도 어쨌든 나는 해외에서 돈을 쓰며 여행 하는 여행자였다. 내가 아무리 돈 없다고 엄살을 피워도 나는 이렇게 가이드 일을 하는 네이세르보다 훨씬 부자일수밖에 없었다. 한국에서 태어나지 않았다면 누릴 수 없는 사치를 누리고 있는 중이었다. 값싼 동정이라 생각할 수도 있지만 나는 미안함과 고마움에 뻔히 보이는 옵션 프로그램을 선택했다. 다행히 칠레의 다니엘라와 디에고 남매 그리고 우루과이의 프란시스코가 함께 했다.

지겹게 또 산을 올라갔다. 지프라인을 타고 내려오려면 높은 산중턱까지 올라가야 했다. 안정 장치를 차고 전문 가이드의 도움을 받으며 쌩쌩 외줄을 타고 산에서 산으로 내려왔다. 산을 배경으로 외줄 하나에 대롱대롱 매달려 내려오는 재미는 생각보다 쏠쏠했다. 산속에서 자유롭게 뛰어노는 원숭이가 된 기분이었다. 풍경이 좋았고, 깔깔대며 서로의 모습을 카메라에 담는 친구들과 함께나 신이 났다.

옵션 프로그램이 끝나고 다시 또 무작정 걷기 시작했다. 걷고 또 걷고 지칠 때까지 걷다 결국 우리들은 화물트럭을 하나 잡아탔다. 짐칸에서 짐을 묶은 끈을 부여잡고 조금이나마 쉴 수 있었다. 화물트럭에서 내려 다시 걷기 시작했다. 기찻길을 따라 걷다보니 우리 옆으로 기차가 지나갔다.

'저 기차를 탔다면 진작 마추픽추에 도착해 있겠지.'

사실 왕복 기차를 이용하면 하루만에도 마추픽추를 볼 수 있었다. 마추픽추만을 위한 여정이라면 오히려 그게 훨씬 효율적인 선택일 것이다. 하지만 앞에서도 말했듯이 마추픽추는 내게 별 의미가 없었다. 페루에 왔으니 가는 곳일 뿐이었다.

결과적으로 나의 선택에 후회가 없다. 지금 생각해도 마추픽추 자체보단 친구들과 함께 마추픽추로 향하던 그 여정이 훨씬 기억에 남기 때문이다.

한참을 또 걸어 드디어 아구아 칼리엔테에 도착했다. 쿠스코가 마추픽추를 향한 시작이었다면 이곳은 마추픽추를 위한 마지막 베이스캠프였다. 이곳에 도착한 것만으로도 나는 벌써 이 여정을 다 끝낸 기분이었다.

그야말로 마추픽추를 위한 마추픽추에 의한 마추픽추의 마을이었다. 하나같이 알파카 스웨터를 입은 파란 눈의 외국인들이 넘쳐났다. 현지인들보다 여행객들이 더 많아보였다.

'정말 마추픽추가 유명하긴 한가보네.'

관광객을 위한 마을이라 그런지 반짝반짝 화려한 불빛이 거리를 울렁였다. 피자와 파스타를 파는 고급 이탈리아 레스토랑부터 일본인을 대상으로 하는 고급 호텔까지 제대로 관광지티를 냈다. 골목마다 호객행위를 하는 식당들이 넘쳐났고 외국 팝이 흘러나오는 술집도 많았다. 이런 곳을 좋아하진 않는 나지만 그 동안 찬물샤워를 하며 문명과 멀리했더니 반갑기도 했다.

그 동안의 노고를 치하하듯 지금까지 페루에서 묶은 숙소가운데 가장 좋은 숙소를 배정받았다. 인터넷도 되고 따뜻한 물도 잘 나오는 2인 1실 이었다. 온수 샤워를 끝내고 저녁을 먹기 위해 모였다. 마지막까지 좋은 식당에서 맛있는 식사로 마무리했다.

상처 부위가 점점 더 커지고 있었다. 왼쪽 눈의 푸르딩딩했던 멍은 보랏빛 피멍으로 짙어졌다. 사연을 아는 우리그룹 친구들이야 그렇다 치고 다른 그룹 사람들이 내 얼굴을 보고 깜짝 놀랄 정도였다. 누군가에게 얻어맞은 게 아니라 자전거 사고라는 걸 알려주고 싶은데 얼굴에 써 붙일 수도 없는 노릇이었다.

그러고 보니 이번 여행에서 이렇게 눈탱이 밤탱이가 된 게 처음이 아니다. 에콰도르로 국경을 넘을 때 버스 안에서 졸다가 창가에 얼굴을 박은 일이 있다. 당일엔 살짝 눈이 부은 정도였지만 이튿날부터 까맣게 멍이 올라오기 시작했다. 화상채팅을 하면서 가족들에게 자초지정을 설명했지만 가족 모두 내 말을 믿지 않았다. 강도를 당했는데 거짓말을 하고 있다고 확신했다.

"그냥 주라는 대로 줘버리지 괜히 저항이라도 한 거야?"

부모님은 이미 새로운 소설을 쓰고 있었다. 하긴 창가에 얼굴 좀 박았다고 이렇게 되면 나라도 안 믿겠다. 결국 그 지독한 멍은 한 달이나 갔다.

'이번에는 또 얼마나 가려나?'

최소 한 달에서 한 달 반이라는 진단이었다.

새벽 네 시, 숙소 밖은 여전히 깜깜했다. 마추픽추로 올라가는 게이트는 5시에 열리는데 그것도 모르고 괜히 일찍 일어나서 설쳤다.

게이트 앞에 하나 둘 사람들이 모이기 시작했다. 게이트가 열리자 모두들 산을 올라가기 시작했다. 이 게이트를 지나면 바로 마추픽추가 있는 게 아니었다. 이 게이트를 통해 산을 넘어야 비로소 진짜 마추픽추 입구에 도착하는 거였다.

여정을 시작하며 걷고 또 걷고 산을 끊임없이 올라갔는데 마지막 날 역시 마찬가지였다. 해가 뜨면서 주변의 어둠이 사라지고 있었다. 땀을 뻘뻘 흘리며 입구에 도착했을 때 토비와 영훈 오빠는 이미 줄을 서서 입장을 기다리고 있었다. 셔틀버스를 타고 올라온 것이다.

버스가 운행된다는 건 알고 있었지만 마지막에 버스를 탄다면 왠지 잉카 정글 트레일을 완성하지 못하는 기분이 들었다. 그런데 이렇게 숨을 헐떡거리며 올라와보니 그냥 버스를 타고 천천히 여유 있게 와도 좋을 뻔했다.

"우와"

마추픽추가 멋있어서가 아니라 사람들이 너무 많아서 짓는 놀라움의 탄성이었다. 가이드를 필두로 엄청난 인파가 그룹을 지어 이동하고 있었다. 나와 우리 그룹 영국인 아주머니 케이트는 영어 전문 가이드에게 보내지고 네이세르는 나머지 그룹 멤버 넷을 데리고 다녔다.

호주와 미국 그리고 영국에서 온 관광객들 틈에서 영어로 설명을 듣는데 나는 이상하게 잠이 오기 시작했다. 뭐, 새벽 네 시가 되기 전에 깼으니 놀랍

지도 않은 일이지만 그래도 그 유명한 마추픽추를 앞에 놓고 졸고 있다니 내가 생각해도 좀 심했다.

눈에 힘을 바짝 주고 정신을 똑바로 차려보려 노력했지만 가이드의 설명은 영어 듣기 평가가 되어 있었다. 그냥 풀밭에 드러누워 잠이나 자고 싶은 심정이었다. 남들이 보면 무식하다고 손가락질 할지 몰라도 상관없었다. 이곳 마추픽추까지 오는 여정에 이미 나는 내 에너지를 모두 쏟은 상태였다.

마추픽추는 내가 사진에서 본 그대로였다. 사진으로 많이 봐서 그런지 예전에 와본 곳 같이 친근했다. 그래서 편하고 그래서 별 감흥이 없었다.

이리저리 시간을 보내다 와이나픽추로 향했다. 진짜 욕이 튀어 나올 뻔했다. 또 산을 올라가야하는데 이건 뭐 오르는 게 아니라 거의 수직으로 암벽 타기 수준이었다.

'아, 마추픽추가 괜히 마추픽추가 아니구나. 이렇게 뵙기 힘든 분이었어.'

그저 여기까지 온 게 아까워 악으로 깡으로 꾸역꾸역 올라갔다.

"우와"

이번엔 진짜였다. 생각지도 않은 장관이었다. 와이나픽추에서 바라본 온전한 마추픽추를 마주하고 있었다. 생각해보니 마추픽추에 가서 마추픽추를 본다는 것 자체가 모순이었다. 그 안에 들어가 버리면 그 완전체의 모습을 볼 수 없는 건 너무도 당연했다. 내가 아무리 마추픽추 안에서 좋은 카메라를 들고 날뛰어봐야 마추픽추를 한눈에 담을 순 없는 법이었다. 그런데 와이나픽추에 오르니 나는 비로소 온전한 마추픽추를 마주할 수 있었다. 산속에 숨어 있는 태양의 도시, 잃어버린 도시 마추픽추는 그렇게 내게 환한 웃음 짓고 있었다.

자, 5분이 지났다. 내 감동은 딱 거기까지다. 5분이 지나면 내 관심은 풀을 뜨고 있는 알파카에게 더 갈수밖에 없다. 그게 사람의 본능이다. 아무리 좋은 것도 계속 감동받을 순 없는 거다.

내려오는 건 정말 순식간이었다. 내려올 때도 버스를 탈 수 있지만 내려오는 건 그리 어렵지 않으니 그냥 내려와도 좋았다. 이제 다시 쿠스코로 돌아가는 일만 남았다. 또 다시 산을 넘고 강을 건너 무한걷기를 반복해야 한다면 나는 그 자리에서 뒷목을 잡았을 거다. 돌아가는 방법은 허무할리만큼 간단했다. 기차만 잡아타면 되었다. 문제는 내 기차시간이 오후 9시라는 사실이었다. 우리 그룹 친구들은 모두 오후 6시, 영훈 오빠와 토비도 모두 6시였다. 조금 더 싼 투어비의 구멍이 바로 이거였다.

기차역에서 우리 그룹 멤버들과 작별인사를 나눴다. 정이 듬뿍 들어버린 착하고 활달한 친구들, 이 친구들이 없었다면 내 마추픽추 여정은 한없이 밋밋한 오이였을 것이다. 이 친구들과 함께해서 그 오이는 매콤하고 시원한 오이소박이가 되었다.

한껏 포옹을 하고 친구들을 향해 끝까지 손을 흔들었다. 나에겐 마추픽추보다 더 오래 기억될 사람들이었다.

운수 좋은 날

    3박 4일간의 마추픽추 일정을 끝내고 쿠스코로 돌아온 다음날 이었다. 리마에서 만났던 빈털터리 연미언니를 쿠스코에서 다시 만났다. 영훈 오빠와 함께 언니숙소로 찾아가 셋이 함께 언니의 친구를 만났다. 언니의 친구는 카우치 서핑을 통해 만난 현지인이었다.

    카우치 서핑은 배낭여행자들이 현지인의 집에서 무료로 숙박 할 수 있는 온라인 커뮤니티이다. 숙소를 제공하는 사람과 원하는 사람이 만나 서로의 문화를 교류하는 새로운 여행방식이라고 할 수 있다. 언니는 이 사이트를 통해 현지인들을 만나고 숙박을 해결하며 나와는 전혀 다른 여행을 하고 있었다. 사실 언니를 만나기 전부터 이런 커뮤니티에 대해서는 알고 있었지만 낯선 이의 집에서 함께 잠을 자고 대화를 한다는 게 상상이 되지 않았다. 그래서 시도하지 못하고 있었는데 언니는 이 사이트를 통해 현지인 친구들을 만나 꽤나 재미나게 여행을 즐기는 듯 했다.

언니의 현지 친구가 데려간 식당은 꽤 유명한 맛집이었다. 물론 외국인들 사이에서가 아니라 현지인들 사이에서 유명한 진짜 맛집이었다. 3천원이 안 되는 저렴한 가격에 음료수, 수프, 전채요리, 메인요리, 디저트까지. 양만 많은 게 아니라 맛도 정말 뛰어났다.

숙제 같았던 마추픽추도 끝내고 이렇게 좋아하는 이들과 함께 맛있는 음식을 먹으니 이보다 더 행복할 수 없었다. 물론, 몇 시간 뒤 다가올 검은 그림자는 상상도 못한 채 말이다.

오빠는 친구를 만나러 약속 장소로 떠나고 언니와 나는 택시를 타고 볼리비아 대사관으로 향했다. 난 이미 볼리비아 비자를 받았지만 언니를 위해 함께 동행 했다. 내가 받으러 왔을 때는 1시간이 넘게 걸렸는데 타이밍이 좋아 언니의 비자발급은 10분도 채 걸리지 않았다. 참 운이 좋았다.

기분 좋게 시내로 돌아와 시장에서 맛있는 초콜릿 케이크와 수제 요거트를 먹었다. 전에도 먹었던 거지만 함께 라서 그런지 유난히 달콤하게 느껴졌다. 우리의 기분 좋은 행복은 쇼핑에서도 계속되었다. 시중보다 반값도 안 되는 저렴한 가격에 질 좋은 레깅스를 구했기 때문이다. 운이 정말 좋은 날이었다.

하루 종일 맛있는 것도 먹고 원하던 비자도 받고 사고 싶던 레깅스도 샀으니 이보다 더 좋을 수 없었다. 말 그대로 오늘 하루는 '운수 좋은 날' 이었다. 모든 게 원하는 대로 착착 해결되는 마법 같은 하루 말이다.

하지만 내 여행이 그렇게 녹녹할 리 없었다.

"저녁은 한국음식 해먹을까? 나 고추장 있는데."

메뉴를 상의하며 함께 숙소로 돌아왔는데 숙소분위기가 이상했다. 무슨 일이 있나 싶어 살펴봤는데 무슨 일은 우리한테 있었다. 경찰들이 우리를 기다리고 있었던 것이다. 정확히 말하면 언니였다. 결국 언니는 경찰서로 연행되었다.

도대체 무슨 일이 벌어진 걸까? 어안이 벙벙하고 당황스러움을 감출 수 없었다. 놀란 나는 대충 지갑만 챙겨 영훈 오빠와 함께 택시를 타고 경찰서를 찾았다.

그러니까 문제는 언니가 숙소 내 여행사를 통해 마추픽추 투어를 예약하면서 발생했다. 국제학생증이 있으면 입장료가 약 20달러 정도 할인이 되는데 언니 역시 자신의 국제학생증을 내고 할인을 받다 걸린 것이다. 언니가 태국에서 만든 가짜 학생증이었다.

지금까지 여행하면서 문제없이 잘 사용했고 언니의 친구 또한 이 학생증으로 마추픽추 입장권 할인을 받은 터라 이번에도 별 생각 없이 사용한 모양이었다. 그런데 입장권을 끊다 그만 딱 걸리고 말았다. 처음엔 대행으로 입장권을 사려던 에이전시 쪽에서 경찰조사를 받았다. 그리고 결국 언니가 붙잡힌 것이다.

다행히 침착한 영훈 오빠가 언니를 대신해 영어와 스페인어로 경찰 관계자들에게 열심히 설명을 했다. 처음에는 학생인건 맞다고 말했다. 하지만 경찰들이 이 말을 믿을 리 없었다. 여권에 나온 생년월일 때문에 여권을 요구하는 경찰들에게 여권을 잃어버렸다는 거짓말까지 하다 보니 일은 더 커질 수밖에 없었다.

결국 검사와 변호사까지 출동했다. 그 변호사는 얼마나 급하게 달려왔는지 그 밤중에 유치원생 아들까지 데리고 왔다. 단순한 조사라고 생각했던 언니도 일이 커지자 걱정하기 시작했다.

정말 한참을 이야기가 오갔다. 몇 시간이 흘렀을까? 아무래도 언니가 솔직히 털어놓는 수밖에 방법이 없었다. 거짓말이 거짓말을 낳고 그 거짓말이 또 다른 거짓말로 이어진다는 걸 몸소 깨닫는 중이었다.

결국 언니는 모든 것을 털어놓고 사과했다. 물론 언니에게 벌금을 내라고 했다. 우리도 이미 벌금형을 예상했기에 그리 놀라진 않았다. 하지만 액수가 문제였다. 이로써 다시 한 번 경찰서 안이 시끄러워졌다. 다시 원점으로 돌아간 듯 우리와 경찰 사이에 논쟁 아닌 논쟁이 시작되었다. 나였다면 겁이 나서 벌금이 얼마든 우선주라는 만큼 돈을 냈을 텐데 언니는 아니었다.

"절대 그 돈은 못 내니까. 교도소를 보내든지 알아서들 하세요."

언니가 벌금을 낼 수 없다며 강하게 항의하자 경찰들이 당황하기 시작했다. 결국 언니는 경찰들과 협상에 들어갔다. 일명 '벌금 깎기'였다. 딱 마추픽추 입장료 수준인 40달러로 합의를 보았는데 이것마저 그냥 순순히 낼 언니가 아니었다.

이 돈은 근처 보육원 아이들을 위한 기저귀 값으로 쓰인다는 말에 언니는 정말 기저귀를 사는지 언니 눈으로 확인해야겠다고 했다. 경찰들이 외국인을 상대로 말도 안 되는 벌금을 매겨 자기들 주머니로 챙긴다는 이야기를 몇 번 들은 터였다.

우리보다 더 지쳐버린 경찰은 결국 우리와 함께 마트로 향했다. 자정이 다 되는 시간이었다. 거기서 기저귀랑 분말우유를 사서 경찰차를 타고 근처 보육원으로 향했다.

자정이 넘은 시간 갑작스런 방문에 보육원 원장님도 당황한 듯 보였다. 충분히 그럴 만했다. 나조차도 내가 지금 무슨 일을 겪고 있는지 도무지 감을 잡을 수 없을 지경이었다. 우리는 사정을 말씀드리고 물품들을 전달했다. 우리와 동행한 경찰은 연신 하품을 해대며 지친 기색이 역력했다.

숙소로 돌아오는 길, 배 속에서 '꼬르륵 꼬르륵' 난리가 났다. 긴장이 풀리면서 그제야 저녁을 굶었다는 사실을 깨달았다. 편의점에서 라면을 사다가 숙소로 돌아왔다. 오빠랑 나는 여전히 기막혀 하고 언니는 그제야 조금 민망한 모양이었다.

"살다 살다 언니처럼 벌금 깎는 사람은 진짜 처음 본다."

남미까지 와서 한국에서도 없을 경찰에서의 밤샘이라니, 이건 정말 듣도 보도 못한 경험이었다. 어쨌든 운이 좋았다. 큰 문제없이 풀려났고 반강제적이긴 했지만 보육원에 좋은 일도 하지 않았던가? 굳이, 정말 굳이 보자면 결과적으로는 꽤나 아름답고 훈훈한 결말이었다. 정말 운수 좋은 하루가 아닐 수 없었다.

나는 다짐했다. 언니의 사건으로 교훈을 얻었으니 다시는 경찰을 마주하지 않겠다고, 남은 여행을 무사히 마칠 수 있도록 몸을 사리겠다고 말이다. 하지만 이것은 시작에 불과했다. 나는 또 다시 경찰을 마주했고 결국엔 불법체류자가 되어있었다.

도대체 내게 무슨 일이 생긴걸까?

엉뚱발랄 맛있는 남미
〈하〉권에서 계속

상큼 쫄깃 페루식 회 무침,
세비체

Ceviches

칠레를 제외하고 남미 대륙에서 해산물을 먹기란 참 힘들다. 그나마 미식 강국 페루에서 쉽게 맛볼 수 있는 해산물 요리가 바로 세비체이다. 이름부터 모습까지, 왠지 어려운 고급음식 같지만 알고 보면 매우 간단하고 손쉬운 음식이다. 그냥 생선살에 레몬즙을 뿌려 먹는 것이 가장 기본적인 세비체이기 때문이다. 해산물을 열로 익히는 대신 높은 산도가 단백질을 응고시켜 쫄깃하고 색다른 맛을 창조하는 것이 세비체의 핵심이다.

클레가 직접 내게 만들어 준 음식은 아니지만 함께 간 레스토랑에서 맛본 세비체에 반해 클레에게 요청한 레시피이다. 세비체는 우리나라 회 무침과 굉장히 비슷하다. 탕에도 매운탕과 맑은 탕이 있듯이 우리나라 회 무침이 매운탕이라면 페루의 세비체가 맑은 탕인 정도의 차이랄까?

※ 재료

손질된 흰 살 생선 500g, 소금, 레몬즙 or 레몬주스 1컵, 양파 1개, 고추 2개, 후추,
올리브유 두 스푼, 다진 생강 or 다진 마늘 한 스푼, 고수 or 각종 허브 적당히

1. 생선을 소금을 이용해 흐르는 물에 깨끗이 씻은 뒤 1~2cm정도 한 입 크기로 자른다.
2. 생선살에 다진 마늘이나 생강, 소금, 후추, 올리브 유, 잘게 썬 고수나 각종 허브를 넣고 잠시 재워둔다.
3. 마지막으로 잘게 다진 양파와 레몬즙으로 버무리면 완성!

◆ Tip

· 감자의 나라 페루답게 세비체에도 작게 잘라 익힌 감자와 고구마를 넣기도 한다.
  뿐만 아니라 옥수수 알을 넣는 곳도 많다. 정해진 틀이 없으니 기호에 따라 상추나,
  각종 야채를 더 첨가해서 먹으면 샐러드 같은 맛 좋은 세비체를 맛볼 수 있다.
· 생선을 미리 얼음에 넣어놓으면 좀 더 쫄깃하고 시원하게 세비체를 즐길 수 있으니
  참고하도록 하자.

BUEN PROVECHO!

엉뚱발랄 맛있는 남미 (상)

1쇄 인쇄		2013년 11월 05일
1쇄 발행		2013년 11월 10일
글		이애리
펴낸이		고봉석
표지·편집디자인		이진이
펴낸곳		이서원
주소		서울시 서초구 신반포로 43길 23-10 서광빌딩 3층
전화		02-3444-9522
팩스		02-6499-1025
전자우편		books2030@naver.com
출판등록		2006년 6월 2일 제22-2935호
ISBN		978-89-97714-18-6
		978-89-97714-19-3 (SET)
값		12,000원

이 도서의 국립중앙도서관 출판시도서목록(CIP)은 서지정보유통지원시스템 홈페이지(http://seoji.nl.go.kr)와
국가자료공동목록시스템(http://www.nl.go.kr/kolisnet)에서 이용하실 수 있습니다.
(CIP제어번호: CIP2013021609)